DIANNAO ZHIZUO GAOQING MUDITU JI
CHANGYONG SHUIGONG SUIDONG HE
MINGQU LINJIE SHUISHEN JISUAN TU

电脑制作高清穆迪图及
常用水工隧洞和明渠临界水深计算图

宁希南◎著

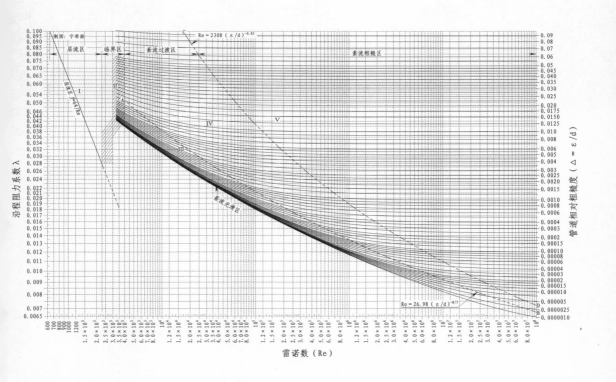

云南大学出版社
YUNNAN UNIVERSITY PRESS

图书在版编目（CIP）数据

电脑制作高清穆迪图及常用水工隧洞和明渠临界水深
计算图 / 宁希南著. –– 昆明：云南大学出版社，2021
　ISBN 978-7-5482-4401-1

Ⅰ.①电… Ⅱ.①宁… Ⅲ.①水工隧洞—隧道施工—
工程制图—计算机制图—AutoCAD软件②明渠—工程施工
—工程制图—计算机制图—AutoCAD软件 Ⅳ.
①TV672-39

中国版本图书馆CIP数据核字(2021)第176937号

策划编辑：李俊峰
责任编辑：李俊峰
封面设计：王娅一

电脑制作高清穆迪图及
常用水工隧洞和明渠临界水深计算图

宁希南◎著

出版发行：云南大学出版社
印　　装：昆明理煜印务有限公司
开　　本：787mm×1092mm　1/16
印　　张：9.75
字　　数：222千
版　　次：2021年12月第1版
印　　次：2021年12月第1次印刷
书　　号：ISBN　978-7-5482-4401-1
定　　价：69.00元

社　　址：昆明市一二一大街182号（云南大学东陆校区英华园内）
邮　　编：650091
发行电话：0871-65033244　65031071
网　　址：http://www.ynup.com
E－mail：market@ynup.com

若发现本书有印装质量问题，请与印厂联系调换，联系电话：0871-64167045。

前　言

我国现行的《消防给水及消火栓系统技术规范》（GB 50974—2014）、《泡沫灭火系统设计规范》（GB 50151—2010）和《细水雾灭火系统技术规范》（GB 50898—2013）中，有些消防给水管道沿程水头损失的计算公式较复杂（但计算精确度较高），如以下的计算公式：

（1）柯列布鲁克－怀特公式。

《消防给水及消火栓系统技术规范》（GB 50974—2014）中第 10.1.2 条第 1 款规定的消防给水管道或室外塑料管水力计算公式中的沿程水头损失阻力系数 λ 按柯列布鲁克－怀特公式计算。

（2）达西－魏斯巴赫公式。

《细水雾灭火系统技术规范》（GB 50898—2013）中第 3.4.11 条规定的细水雾灭火系统管道水力计算公式和《泡沫灭火系统设计规范》（GB 50151—2010）中第 9.2.6 条规定的泡沫液管道的压力损失计算公式均采用达西－魏斯巴赫公式计算。

另外，压缩空气和通风管道单位管长沿程压力损失 R（比摩阻）可用流体力学的达西－魏斯巴赫公式进行计算，其管段的摩擦阻力系数 λ 也是按柯列布鲁克－怀特公式计算。

上述规范中，采用达西－魏斯巴赫公式计算时，沿程阻力系数 λ 的值需查穆迪图得出。

沿程损失阻力系数（或摩擦阻力系数）λ 按柯列布鲁克－怀特公式计算的精确度较高。该公式适用于较广的流态范围，与实验结果符合较好。由于该公式是一个"隐函数"公式，沿程损失阻力系数 λ 无法用常规的代数式求解，但可用复杂的"迭代法"求解，为避免烦琐的计算，其沿程损失阻力系数 λ 可查穆迪图得出。

穆迪图简化了计算，不需要先判断管流属于哪个区，也不需要进行烦琐复杂的计算，根据雷诺数 R_e 和相对粗糙度 ε/d 就可查得沿程阻力系数 λ。

受当时的条件所限，手工绘制的穆迪图的精确度不高。

如今，计算机已广泛应用于各个领域，因此，作者以柯列布鲁克－怀特公式为基础，利用计算机技术编程，绘制了精确度较高的通用穆迪图和常用管道穆迪图（见图1－3、图1－4和图2－1至图2－42）。

新设计的通用穆迪图和新设计的常用管道穆迪图表达的概念与规律明显、直观，使用简便，查图所得沿程损失阻力系数 λ 的精确度可以满足工程设计和科研工作的需求。

临界水深 h_k 在棱柱体明渠恒定非均匀渐变流的水面曲线分析中是很重要的水力参数，也是明渠均匀流中判别水流流态的依据，其在水力设计及计算中应用得很频繁。因此，计算临界水深 h_k 有很重要的意义。

从任意断面临界水深计算通式可知，求临界水深 h_k 的函数，除矩形断面外，一般是水深的隐函数。临界水深 h_k 无法用常规的代数式求解，故常采用试算法或图解法求解，但求解过程很复杂，需多次反复试算才能得出结果，计算工作量很大，特别是门洞形、马蹄形、高拱形、低拱形、蛋形、倒蛋形等复杂过水断面的计算工作量更大。

目前，尚缺乏计算临界水深 h_k 的水力计算图。

为了减少设计工作者的烦琐劳动，缩短设计周期，提高设计质量，笔者利用计算机技术编程，绘制了精确度较高的常用水工隧洞和明渠临界水深计算图。

临界水深计算图表达的概念与规律明显、直观，使用简便，查图所得临界水深的精确度可以满足工程设计和科研工作的需求。

工程设计中，小尺寸管渠一般不计算临界水深，因而本书中的小尺寸管渠临界水深计算图仅供有关科研人员参考。

临界水深计算图主要用于常用水工隧洞和明渠均匀流的水力计算及均匀流中水流流态的判别，还可用于棱柱体明渠恒定非均匀渐变流的水面曲线分析。

上述复杂断面的水工隧洞和排水管道大多应用于水利水电工程，其中有些断面在给排水工程中也有应用，但其名称根据各专业的习惯命名，有的相同，有的不完全相同。例如，本书和《新编给水排水工程常用管渠水力计算图表》一书中，隧洞断面形式完全相同，但其名称不完全相同的有2种，即

（1）本书中的"标准马蹄形断面（A型）"在《新编给水排水工程常用管渠水力计算图表》一书中名为"马蹄形断面（Ⅰ型）"；

（2）本书中的"低拱形断面"在《新编给水排水工程常用管渠水力计算图表》一书中名为"马蹄形断面（Ⅱ型）"。

本书配有《常用消防给水管道、压缩空气管道及通风管道水力计算》软件和《常用水工隧洞和明渠临界水深和正常水深计算》软件。配套软件的水力计算精度更高，使用范围也更广。

配套软件中的各水力计算公式均采用本书中的相应水力计算公式和现行国家规范中的相应水力计算公式，读者需结合本书和现行国家规范在电脑上使用配套软件。

配套软件中各种水工隧洞的断面图是简图，各种水工隧洞的断面详图及其过水断面 A、湿周 ρ 和水面宽度 B_s 等的计算公式详见本书中的相应章节。

本书可供水利水电和给排水工程的规划、设计、施工人员参考使用，也可作为相关院校教学的参考用书。书中新设计的通用穆迪图和新设计的常用管道穆迪图亦可作为石油、化工等领域的输油管道、工艺管道水力计算的参考图。

本书由宁希南著，配套的《常用消防给水管道、压缩空气管道及通风管道水力计算》软件和《常用水工隧洞和明渠临界水深和正常水深计算》软件由宁希南和宁梓设计，可扫描下方的二维码进行下载。

云南大学出版社李俊峰、范娇、余家涛、严永欢等编辑、排版和审校人员工作认真负责，修改了书稿中的局部错误，在此表示衷心感谢！

由于时间仓促，加之笔者水平有限，书中疏漏之处在所难免，敬请广大读者指正。

目　录

第1篇

新设计的通用穆迪图和新设计的常用管道穆迪图

1 新设计的通用穆迪图

1.1 沿程阻力系数的计算公式

我国给水管道的沿程水头损失计算公式较多，但都源于达西–魏斯巴赫公式，即

$h_f = \lambda \dfrac{L}{d} \dfrac{V^2}{2g}$，单位长度管道沿程水头损失：$i = \dfrac{h_f}{L} = \lambda \dfrac{1}{d} \dfrac{V^2}{2g}$

其中，沿程阻力系数 λ 的计算，根据前人的实验研究成果，由于各种管材的内壁粗糙度 ε 不同，以及受水流流态（雷诺数 Re）的影响，有不同的经验公式和半经验公式。尼古拉兹（Nikuradse，1894—1979 年，德国力学家和工程师）采用人工粗糙管进行的管流沿程阻力实验，根据管道的相对粗糙度 ε/d、雷诺数 Re 和沿程阻力系数 λ 的变化特性，总结得出尼古拉兹实验曲线图（见图 1 – 1）。尼古拉兹实验曲线图可分为 5 个阻力区。

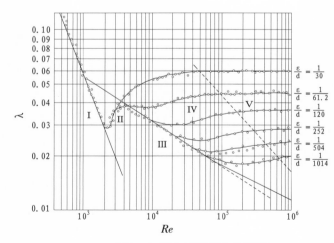

图1—1 尼古拉兹实验曲线图

（1）层流区（Ⅰ区）

当 $Re < 2300$ 时，管流为层流，其沿程阻力系数 λ 与相对粗糙度 ε/d 无关，只是雷诺数 Re 的函数，即

$$\lambda = \frac{64}{Re} \qquad\qquad 1-1$$

（2）层流向紊流过渡区（Ⅱ区）

当 $2300 < Re < 4000$ 时，为层流向紊流过渡的临界区域，流动不稳定，可能是层流，也可能是紊流，目前尚无适合的经验公式，通常将其与Ⅲ区和Ⅳ区合并处理。

（3）紊流水力光滑管区（Ⅲ区）

当 $4000 < Re < 26.98\,(\varepsilon/d)^{-8/7}$ 时，该区的沿程阻力系数 λ 可以采用尼古拉兹光滑管公式计算，即

$$\frac{1}{\sqrt{\lambda}} = 2\,\log\frac{Re\sqrt{\lambda}}{2.51} \qquad\qquad 1-2$$

（4）紊流水力粗糙管过渡区（Ⅳ区）

当 $26.98\,(\varepsilon/d)^{-8/7} < Re < 2308\,(\varepsilon/d)^{-0.85}$ 时，为紊流粗糙管过渡区，该区的沿程阻力系数 λ 可以采用著名的柯列布鲁克-怀特公式计算，即

$$\frac{1}{\sqrt{\lambda}} = -2\,\log\left(\frac{2.51}{Re\sqrt{\lambda}} + \frac{\varepsilon}{3.71d}\right) \qquad\qquad 1-3$$

柯列布鲁克-怀特公式是紊流光滑管区（Ⅲ区）的尼古拉兹光滑管公式和紊流粗糙管平方阻力区（Ⅴ区）的尼古拉兹粗糙管公式的简单结合，称为紊流 λ 的综合公式。事实上，当雷诺数 Re 很小时，式 1-3 右边括号内第二项相对括号内的第一项很小，其计算结果接近尼古拉兹光滑管公式；当雷诺数 Re 很大时，式 1-3 右边括号内的第一项很小，其计算结果接近尼古拉兹粗糙管公式。

柯列布鲁克-怀特公式与工业管道试验结果符合较好，因而在国内外被广泛应用。

（5）紊流粗糙管平方阻力区（Ⅴ区）

当雷诺数 $Re > 2308\,(\varepsilon/d)^{-0.85}$ 时，为紊流粗糙管平方阻力区，该区的沿程阻力系数 λ 与 Re 无关，只是相对粗糙度 ε/d 的函数，可由尼古拉兹粗糙管公式计算，即

$$\lambda = \left(2\,\log\frac{3.71}{\varepsilon/d}\right)^{-2} \qquad\qquad 1-4$$

1.2　新设计的通用穆迪图

1944 年，穆迪（F. Moody，1880—1953 年，美国工程师，教授）以柯列布鲁克 - 怀特公式为基础，采用双对数坐标，以相对粗糙度 ε/d 为参数，将雷诺数 Re 作为横坐标，以沿程阻力系数 λ 作为纵坐标，绘制了适用于工业管道的表征沿程阻力系数 λ 与雷诺数 Re 以及相对粗糙度 ε/d 三者之间的函数关系的计算图，即穆迪图（见图1 - 2）。图中"Friction factor f"翻译成中文为"摩阻系数 f"。本书中的各种穆迪图中，符号 λ 和符号 f 的意义相同，均表示沿程阻力系数（或摩阻系数）。

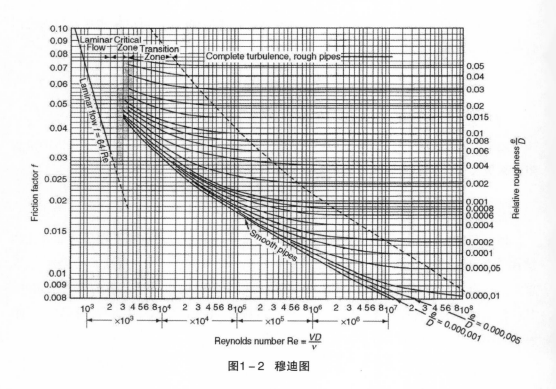

图1 - 2　穆迪图

穆迪图简化了计算，不需先判断管流属于哪个区，也不需进行烦琐的计算（特别是按柯列布鲁克 - 怀特公式求 λ 的计算），根据雷诺数 Re 和相对粗糙度 ε/d 就可查得沿程阻力系数 λ。

受当时的条件限制，以前手工绘制的穆迪图的精确度不高。

如今，计算机已广泛应用于各个领域，因此，作者以柯列布鲁克 - 怀特公式为基础，利用计算机技术编程，绘制了精确度较高的穆迪图（简称新设计的通用穆迪图），见图 1 - 3（中文版）和图 1 - 4（英文版）。

图 1 - 3 和图 1 - 4 中的新设计的通用穆迪图增加了紊流光滑区和紊流过渡区的分区界线（图中的 AB 曲线），CD 曲线则为紊流过渡区和紊流粗糙区的分区界线。为了和尼古拉兹实验曲线图的 5 个阻力区相对应，新设计的通用穆迪图也分为 5 个阻力区。

（1）层流区（Ⅰ区）

该区为图中 $Re < 2300$ 的区域。

（2）临界区（Ⅱ区）

临界区相当于尼古拉兹实验曲线的层流向紊流过渡区（Ⅱ区），为图中 $2300 < Re < 4000$ 的区域。该区是层流向紊流过渡的临界区域，流动不稳定，可能是层流，也可能是紊流，目前尚无适合的经验公式。实际工业管道的水力计算，其雷诺数 Re 一般不在该区。为了计算方便，利用紊流光滑区（Ⅲ区）和紊流过渡区（Ⅳ区）的计算公式（即柯列布鲁克 - 怀特公式）向Ⅱ区延伸绘图（新设计的通用穆迪图中的Ⅱ区的阴影中的 ε/d 线条），其查图结果可供参考使用。

（3）紊流光滑区（Ⅲ区）

该区相当于尼古拉兹实验曲线的紊流水力光滑管区（Ⅲ区），为图 1 - 3 中 $4000 < Re < 26.98 \ (\varepsilon/d)^{-8/7}$ 的区域。该区在 AB 曲线的下方且 $Re > 4000$ 的区域。

（4）紊流过渡区（Ⅳ区）

该区相当于尼古拉兹实验曲线的紊流水力粗糙管过渡区（Ⅳ区）。

该区为图 1 - 3 中 $26.98 \ (\varepsilon/d)^{-8/7} < Re < 2308 \ (\varepsilon/d)^{-0.85}$ 的区域。该区在 AB 曲线和 CD 曲线之间且 $Re > 4000$ 的区域。

（5）紊流粗糙区（Ⅴ区）

紊流粗糙区相当于尼古拉兹实验曲线的紊流粗糙管平方阻力区（Ⅴ区），为图 1 - 3 中 $Re > 2308 \ (\varepsilon/d)^{-0.85}$ 的区域。该区在 CD 曲线的右方。

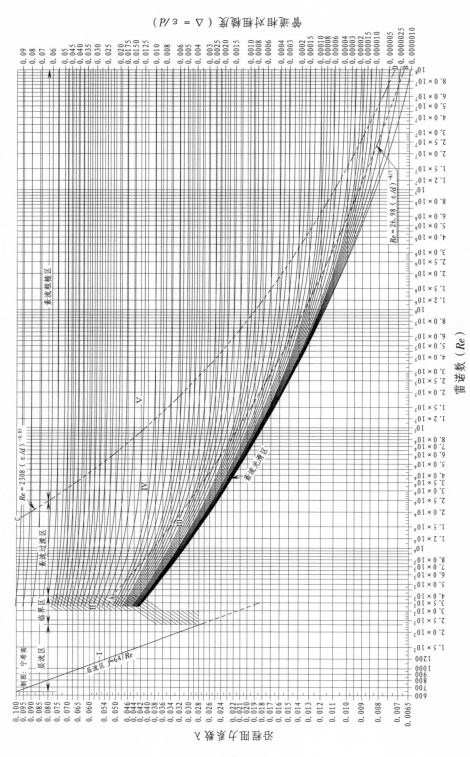

图1—3 新设计的通用穆迪图

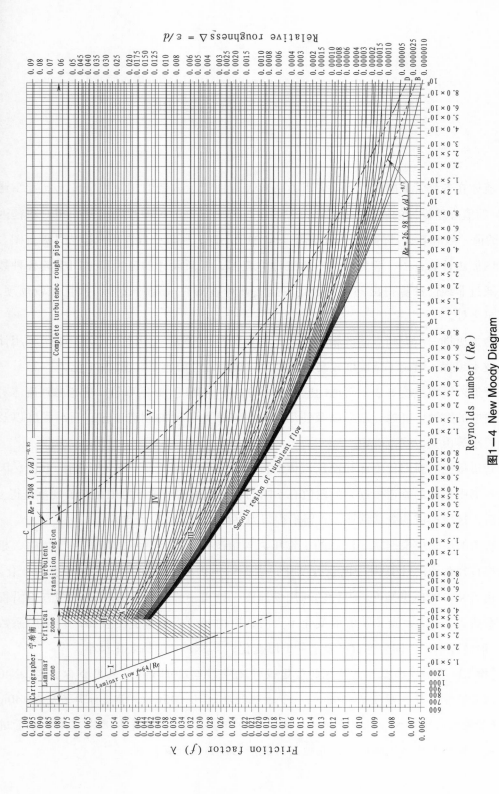

图1—4 New Moody Diagram

2 新设计的常用管道穆迪图

流体在各种管道内的沿程损失阻力系数 λ 可由管道内壁的相对粗糙度 ε/d 和雷诺数 Re 的值查新设计的通用穆迪图（图 $1-3$）得出。由于各种管道内壁的相对粗糙度 ε/d 的值一般和新设计的通用穆迪图中 ε/d 的值不同，所以一般需用内插法计算查图。

内插法计算查图一般为线性内插法计算查图，但新设计的通用穆迪图中的各种数值是通过非线性计算得出的值，因此内插法计算查图有一定的误差，而且比较烦琐，有不足之处。

为了更进一步提高查图的精确度，作者以柯列布鲁克 – 怀特公式为基础，利用计算机技术编程，绘制了精确度较高的新设计的常用管道穆迪图（图 $2-1$ 至 $2-42$）。

管道内壁粗糙度 ε 表示管道内壁凸出部分的平均高度。ε 的取值，应考虑到流体对管道内壁的腐蚀、磨蚀、结垢以及使用情况等因素和管道的制造工艺、新旧程度以及管径大小等由相应规范确定。

管道根据其新旧程度和和输送流体的性质，内壁粗糙度 ε 一般有不同的取值。因此，本书中相同的管道根据 ε 的取值有不同的管道穆迪图。读者可根据有关规范查得 ε 的值后，选用相应的管道穆迪图查得沿程阻力系数 λ（即摩阻系数 f）。

管道的壁厚应根据输送流体的工作压力等情况选定。当管道的壁厚有变化时，相同公称直径管道的计算内径也会有变化，因而管道内壁的相对粗糙度 ε/d 也有变化。如变化后 ε/d 的值更接近新设计的通用穆迪图，则可由新设计的通用穆迪图查得沿程阻力系数 λ。反之，当 ε/d 的值变化不大时，则由相应管道穆迪图查得沿程阻力系数 λ。一般情况下，相同公称直径管道的壁厚变化后，其 ε/d 的值变化很小。

【例1】已知细水雾灭火系统的管道设计流量 $Q=420\text{L}/\text{min}$，采用公称直径 DN40 不锈钢无缝管（计算内径 $d=36\text{mm}$），管道粗糙度 $\varepsilon=0.045\text{mm}$，管道计算长度 $L=40\text{m}$（包括管段的长度和该管段内管接件、阀门等的当量长度），计算水温为 10℃，求管道的水头损失及平均水流速度（采用达西 – 魏斯巴赫公式计算）。

根据《细水雾灭火系统技术规范》（GB 50898—2013）第 3.4.11 条，系统管道的水头损失应按达西 - 魏斯巴赫公式计算，即

$$P_f = 0.2252 \frac{fL\rho Q^2}{d^5} \qquad\qquad 2-1$$

$$Re = 21.22 \frac{Q\rho}{d\mu} \qquad\qquad 2-2$$

$$\Delta = \frac{\varepsilon}{d} \qquad\qquad 2-3$$

式中：

P_f——管道的水头损失，包括沿程水头损失和局部水头损失（MPa）；

Q——管道的流量（L/min）；

L——管道计算长度，包括管段的长度和该管段内管接件、阀门等的当量长度（m）；

d——管道内径（mm）；

f——摩阻系数，根据 Re 和 Δ 值查通用穆迪图确定（注：当选用常用不锈钢无缝管时，也可查图 2-1 细水雾灭火系统常用不锈钢无缝管穆迪图确定）；

ρ——流体密度（kg/m³），根据表 2-1 确定；

Re——雷诺数，无量纲；

μ——动力黏度（cp），根据表 2-1 确定；

Δ——管道相对粗糙度；

ε——管道粗糙度（mm），对于不锈钢管，取 0.045mm。

表 2-1　水的密度及其动力黏度系数

温度（℃）	0	4.4	10.0	15.6	20.0	21.1	26.7	30.0	32.2	37.8	40.0	50.0
水的密度（kg/m³）	999.8	999.9	999.7	998.8	998.2	998.0	996.6	995.7	995.4	993.6	992.2	988.1
水的动力黏度系数（cp）	1.80	1.50	1.30	1.10	1.00	0.95	0.85	0.80	0.74	0.66	0.65	0.55

【解】雷诺数 $Re = 21.22 \dfrac{Q\rho}{d\mu} = 21.22 \dfrac{420 \times 999.7}{36 \times 1.3} = 190379$

管道相对粗糙度 $\Delta = \dfrac{\varepsilon}{d} = \dfrac{0.045}{36} = 0.00125$

从图 1 – 3 新设计的通用穆迪图中查得：当雷诺数 $Re = 190379$，管道相对粗糙度 $\Delta = 0.00125$ 时，摩阻系数 $f = \lambda \approx 0.022$。（注：为提高查图的精确度和省去管道相对粗糙度的计算，可从图 2 – 1 细水雾灭火系统常用不锈钢无缝管穆迪图中查得：当雷诺数 $Re = 190379$，公称直径为 DN40 时，摩阻系数 $f = \lambda = 0.022$。）

所以，管道的水头损失为

$$P_f = 0.2252 \frac{fL\rho Q^2}{d^5} = 0.2252 \frac{0.022 \times 40 \times 999.7 \times 420^2}{36^5} = 0.578 \text{ MPa}$$

管道的平均水流速度 $v = \dfrac{Q}{A} = \dfrac{420 \div 60 \times 0.001}{0.25 \times \pi \times 0.036^2} = 6.877 \text{ m/s}$

【例 2】某压缩空气管道采用水煤气镀锌钢管，公称直径 DN = 80mm（计算内径 $d = 79.5$ mm），管长 $L = 100$m，工作温度按 40℃计，工作压力（表压）$= 0.6$MPa 时的容积流量 $Q = 216$m³/h $= 60$ L/s，管壁的当量绝对粗糙度 $K = 0.2$mm，求其流速、沿程压力损失、动压及质量流量（采用达西 – 魏斯巴赫公式计算）。

压缩空气和通风管道单位管长沿程压力损失 R（比摩阻）可用流体力学的达西 – 魏斯巴赫公式进行计算，即

$$R = \frac{\lambda}{d} \frac{\rho V^2}{2} \qquad\qquad 2 – 4$$

$$\frac{1}{\sqrt{\lambda}} = -2.0 \log \left(\frac{2.51}{R_e \sqrt{\lambda}} + \frac{K}{3.71d} \right) \qquad\qquad 2 – 5$$

$$R_e = \frac{\rho V d}{\mu} \qquad\qquad 2 – 6$$

$$\mu = \rho \nu \qquad\qquad 2 – 7$$

式中：

R——比摩阻（Pa/m）；

λ——管段的摩擦阻力系数；

d——管子内径（m）；

V——空气在管道内的平均流速（m/s）；

ρ——空气的密度（kg/m³）；

K——管壁的当量绝对粗糙度（m）（本书中的穆迪图，当量绝对粗糙度用符号 ε

表示）；

R_e——雷诺数，无量纲；

μ——空气的动力黏度（Pa·s）；

ν——空气的运动黏度（m^2/s）；

管段的摩擦阻力系数 λ 按式 2-5 的柯列布鲁克-怀特公式用"迭代法"求解，也可查常用管道穆迪图或新设计的通用穆迪图求解。

注：① 当雷诺数 $Re < 2300$ 时，流动为层流，式 2-5 的阻力系数计算公式不适用，需按层流的公式计算（$\lambda = 64/Re$）。② 当雷诺数 $2300 < Re < 4000$ 时，流动为层流向紊流过渡的临界区，式 2-5 的阻力系数计算公式的计算结果仅供参考。

当风管为矩形截面时，通常用当量直径 d_e 来代替圆管直径 d 进行水力计算。设矩形风管宽为 a，高为 b，则矩形风管的当量直径 $d_e = \dfrac{2ab}{a+b}$。

在低压（小于 1.0MPa）时，气体的动力黏度随温度变化的经验公式为

$$\mu = \mu_0 \frac{273+S}{T+S} \left(\frac{T}{273}\right)^{1.5} \qquad 2-8$$

式中：

μ_0——气体在0℃时的动力黏度，对于空气，取 $\mu_0 = 0.0171 \times 10^{-3}$ Pa·s；

T——气体的温度（K）；

S——依气体种类而定的苏士兰常数，对于空气常取 S = 111K。

一般工业用压缩空气压力小于 10MPa，温度大于 0℃，所以温度和压力对密度的影响可以用理想气体的状态方程进行计算，空气的密度 ρ 可按下式计算：

$$\rho = \rho_0 \frac{空气绝对压力}{标准物理大气压} \left(\frac{273.15}{实际绝对温度}\right) \qquad 2-9$$

式中：

ρ_0——空气在摄氏温度为0℃时的密度（$\rho_0 = 1.293$ kg/m^3）；

标准物理大气压为 101.325KPa，绝对温度 = 摄氏温度 + 273.15。

通常情况下，通风管道按标准物理大气压计算（表压为0），当温度为20℃时，通风管道内的空气密度 $\rho = 1.205$kg/m^3。

压缩空气和通风管道局部压力损失按下式计算：

$$R_j = \xi \frac{\rho V^2}{2} \qquad 2-10$$

式中：

R_j——局部压力损失（Pa）；

ξ——局部压力损失系数，无量纲，其取值按现行的有关规范确定。

空气的动压 $P_v = \dfrac{\rho V^2}{2}$（Pa）。

压缩空气或通风管道总压力损失按下式计算：

$$P = \sum RL + \sum R_j \qquad\qquad 2-11$$

式中：

P——压缩空气或通风管道总压力损失（Pa）；

L——压缩空气或通风管道管长（m）；

R——此摩阻（Pa/m）；

R_j——局部压力损失（Pa）。

管壁的当量绝对粗糙度 K 根据管材的不同有不同的值，详见表2-2和表2-3。

表2-2　某些压缩空气管道管壁的当量绝对粗糙度（K）

管道类别	K（mm）
无缝黄铜管、铜管及铅管	0.01～0.05
新的无缝钢管或镀锌铁管	0.1～0.2
新的铸铁管	0.25～0.42
具有轻度腐蚀的无缝钢管	0.2～0.3
具有显著腐蚀的无缝钢管	0.5 以上
旧的铸铁管	0.85 以上
钢板制管	0.33

表 2－3　某些通风道内表面的当量绝对粗糙度（K）

管道材料	薄钢板、镀锌薄钢板	塑料板	矿渣、石膏板	刚性玻璃纤维	铁丝网抹灰风道	木板	铝板
K（mm）	0.15 ~ 0.18	0.01 ~ 0.05	1.0	0.9	10 ~ 15	0.2 ~ 1.0	0.03
管道材料	地面沿墙砌造风道	表面光滑的砖风道	混凝土板	矿渣混凝土板	墙内砌砖风道	竹风道	胶合板
K（mm）	3 ~ 6	3 ~ 4	1 ~ 3	1.5	5 ~ 10	0.8 ~ 1.2	1.0

【解】查图 2－10 普通钢管穆迪图（$\varepsilon = 0.20\text{mm}$）计算。

空气在管道内的平均流速。

$$V = \frac{Q}{A} = \frac{60 \times 0.001}{0.25 \times \pi \times 0.0795^2} = 12.087 \text{ m/s}$$

空气的密度：

$$\rho = \rho_0 \frac{\text{空气绝对压力}}{\text{标准物理大气压}} \left(\frac{273.15}{\text{实际绝对温度}} \right)$$

$$= 1.293 \frac{701.325}{101.325} \left(\frac{273.15}{313.15} \right) = 7.806 \text{ kg/m}^3$$

空气的动力黏度：

$$\mu = \mu_0 \frac{273 + S}{T + S} \left(\frac{T}{273} \right)^{1.5}$$

$$= 0.0171 \times 10^{-3} \frac{273 + 111}{313.15 + 111} \left(\frac{313.15}{273} \right)^{1.5} = 0.01902 \times 10^{-3} \text{ Pa·s}$$

雷诺数：

$$Re = \frac{\rho V d}{\mu} = \frac{7.806 \times 12.087 \times 0.0795}{0.00001902} = 394370$$

查图 2－10 普通钢管穆迪图（$\varepsilon = 0.20\text{mm}$），得到 $\lambda = 0.0253$，代入下式。

比摩阻：

$$R = \frac{\lambda}{d} \frac{\rho V^2}{2} = \frac{0.0253 \times 7.806 \times 12.087^2}{0.0795 \times 2} = 181.46 \text{ Pa/m}$$

所以，沿程压力损失 $P_L = RL = 181.46$ Pa/m $\times 100$ m $= 18146$ pa $= 18.146$ KPa。

空气的动压：

$$P_v = \frac{\rho V^2}{2} = \frac{7.806 \times 12.087^2}{2} = 570.21 \text{Pa}$$

空气的质量流量 $= \rho \times Q = 7.806$ kg/m$^3 \times 216$m^3/h $= 1686.1$ kg/h

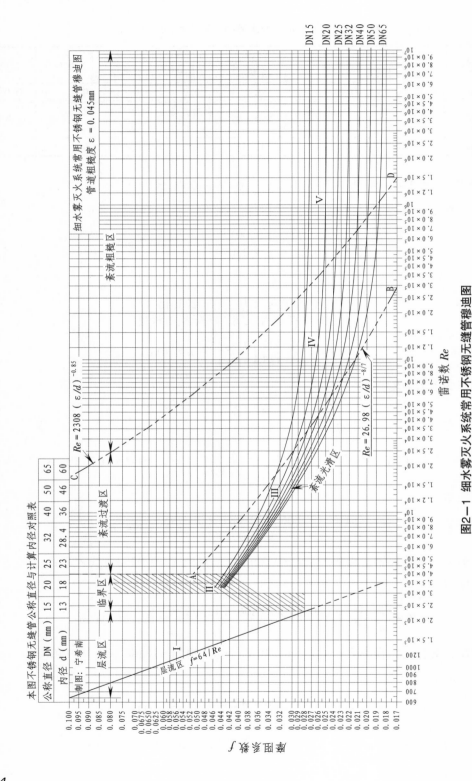

图2-1 细水雾灭火系统常用不锈钢无缝管穆迪图

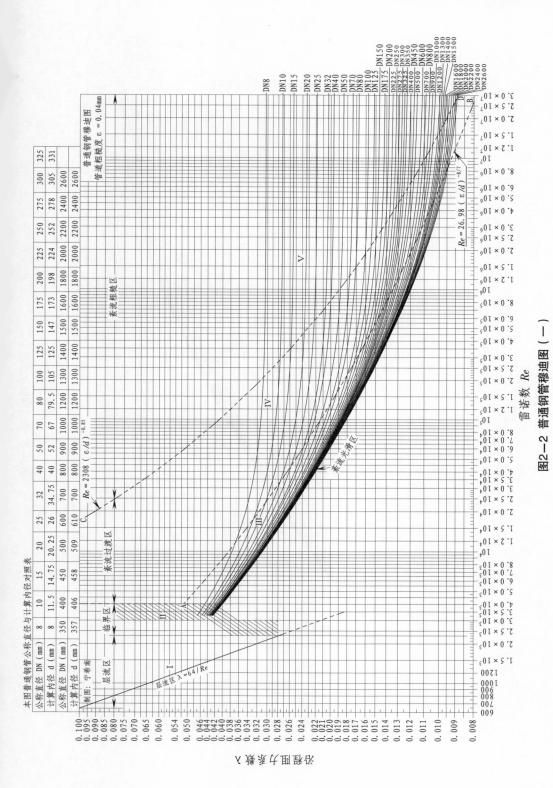

图2-2　普通钢管穆迪图（一）

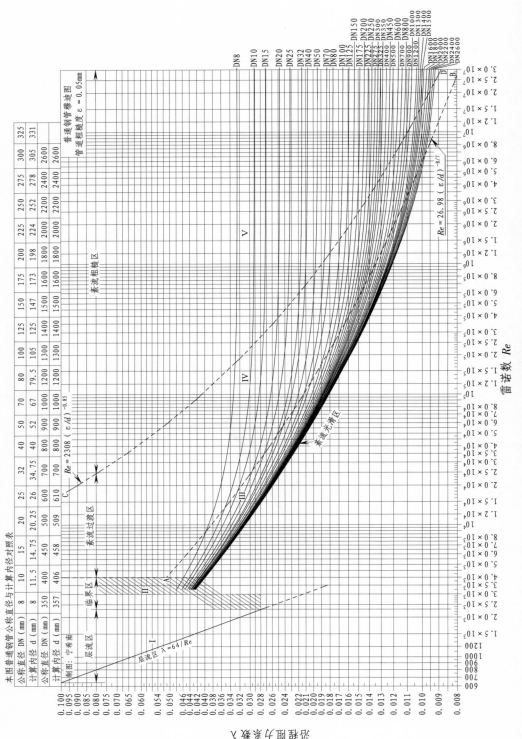

图2-3 普通钢管穆迪图（二）

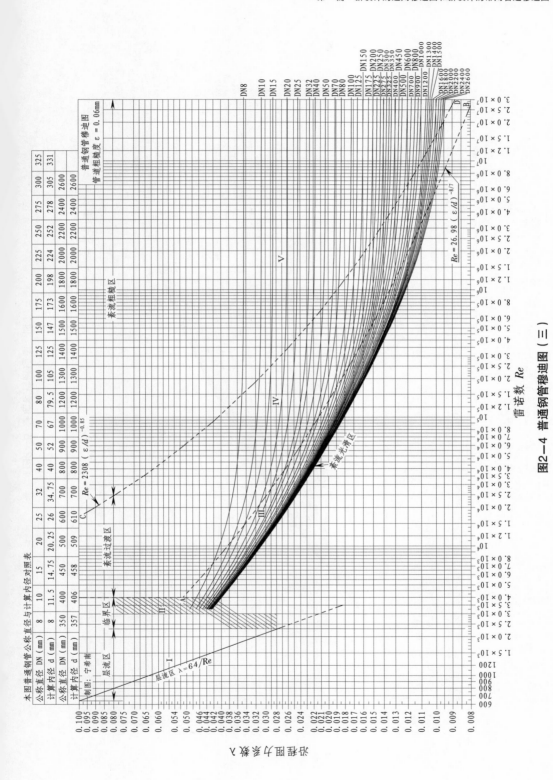

图2—4　普通钢管管穆迪图（三）

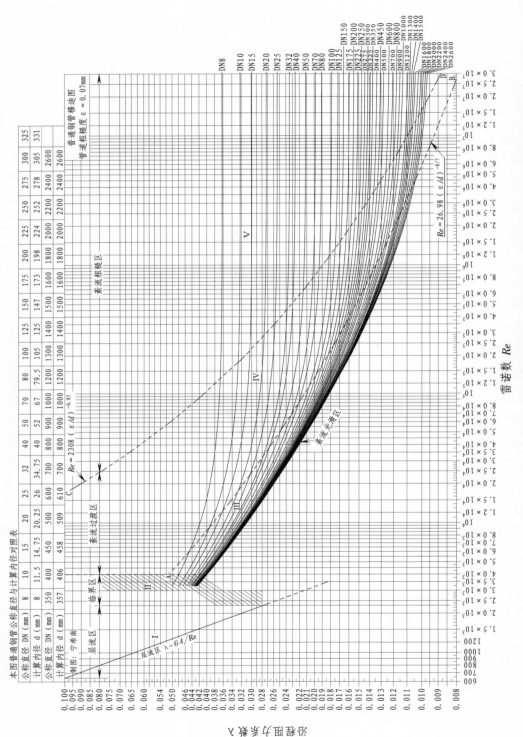

图2—5 普通钢管穆迪图（四）

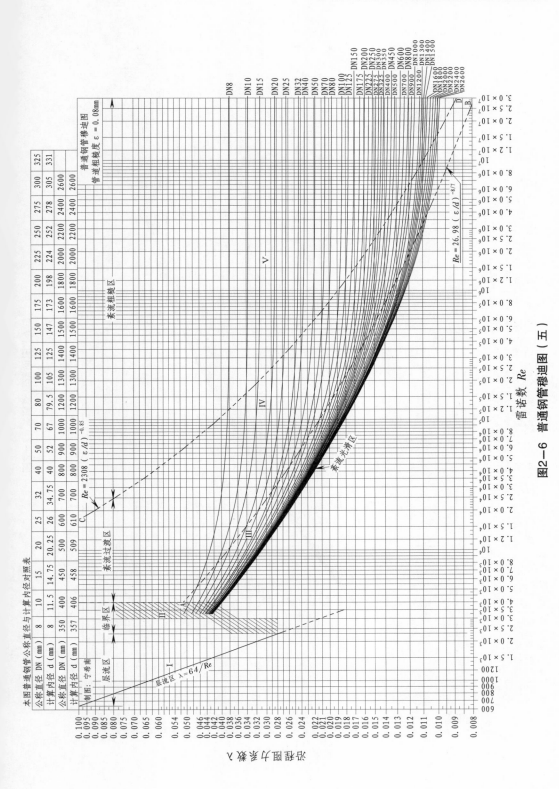

图2—6　普通钢管穆迪图（五）

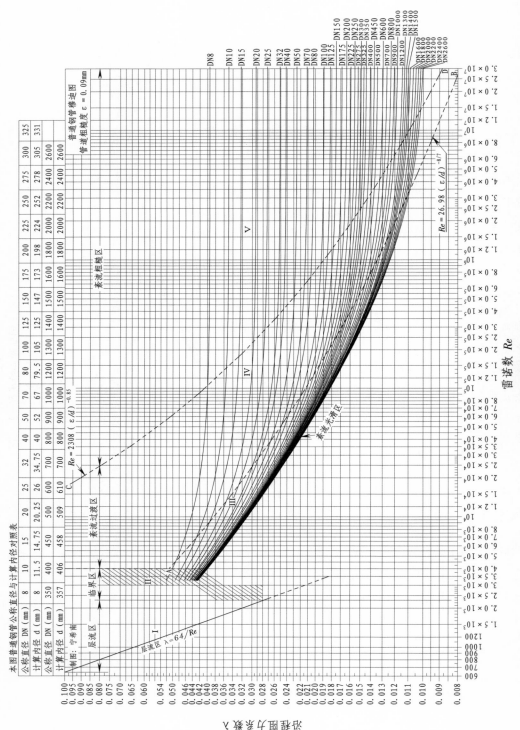

图2—7 普通钢管穆迪图（六）

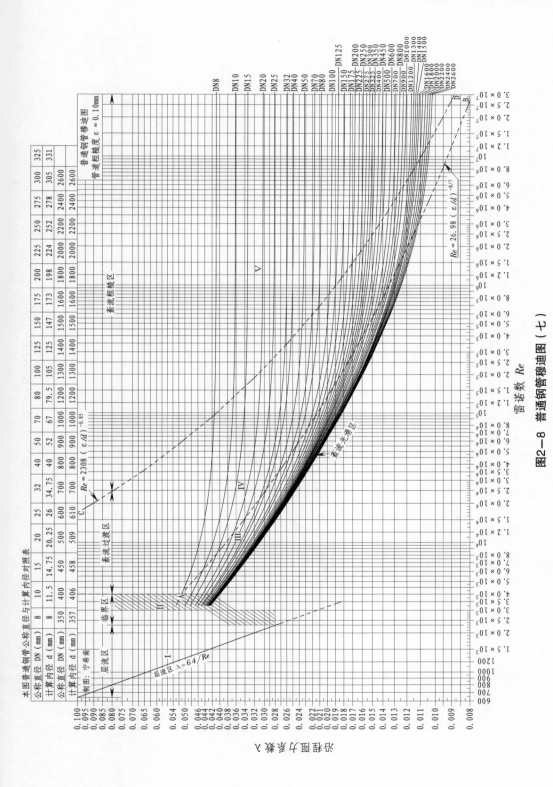

图2-8　普通钢管穆迪图（七）

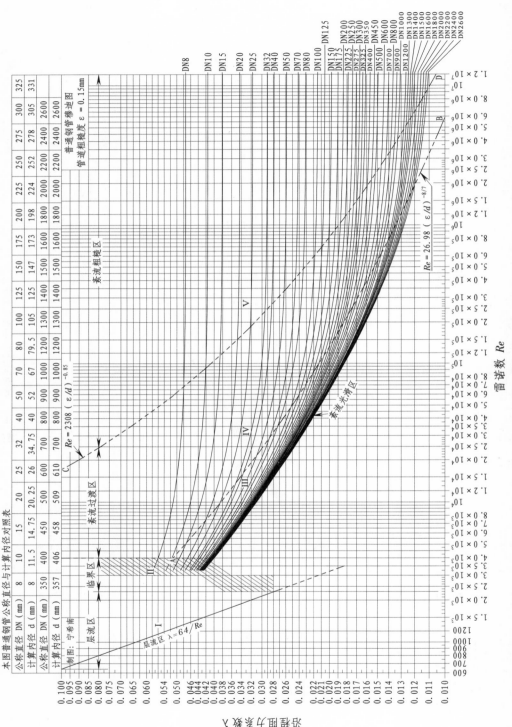

图2—9　普通钢管穆迪图（八）

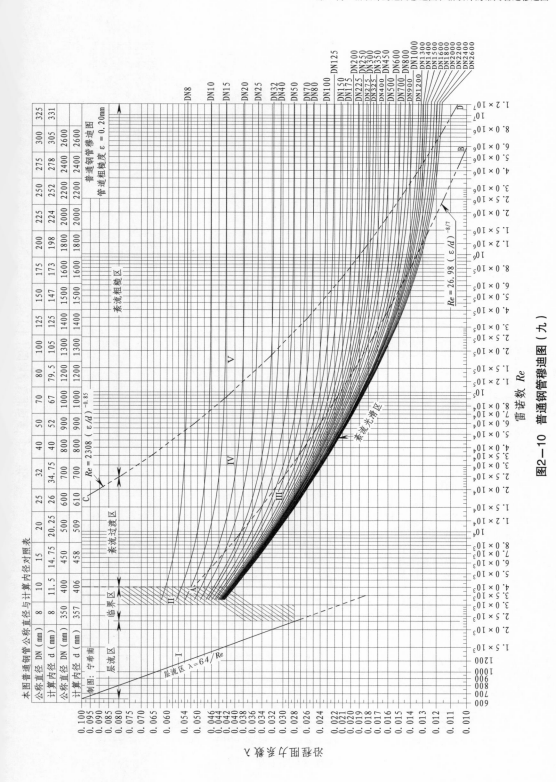

图2—10　普通钢管穆迪图（九）

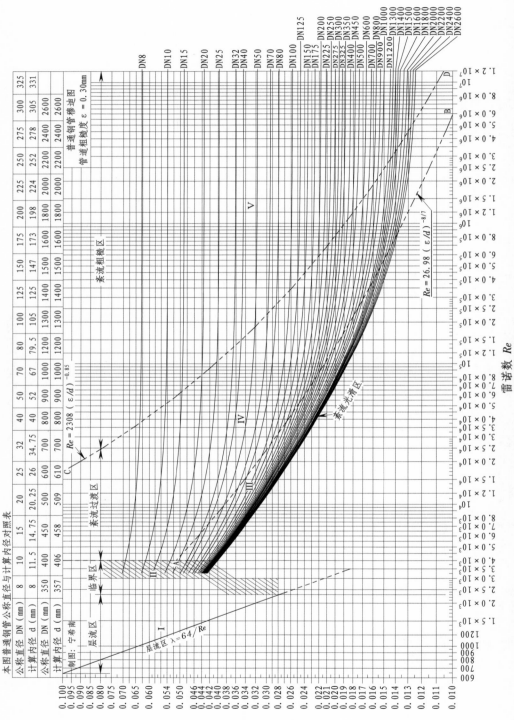

图2-11 普通钢管穆迪图（十）

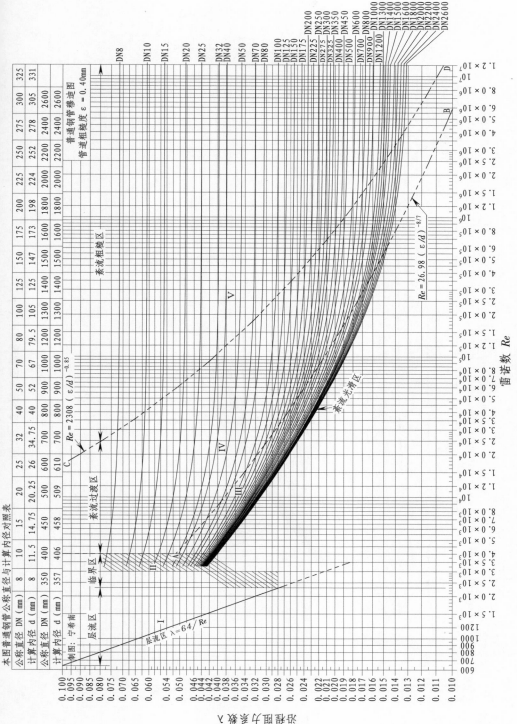

图2—12　普通钢管穆迪图（十一）

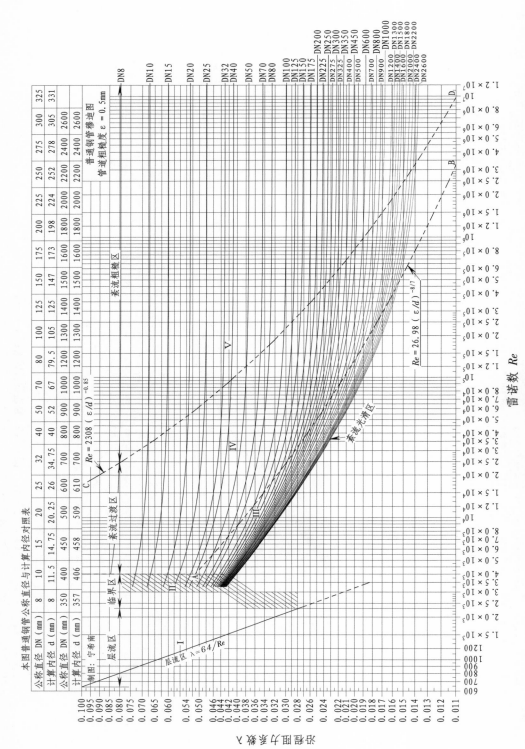

图2—13 普通钢管穆迪图（十二）

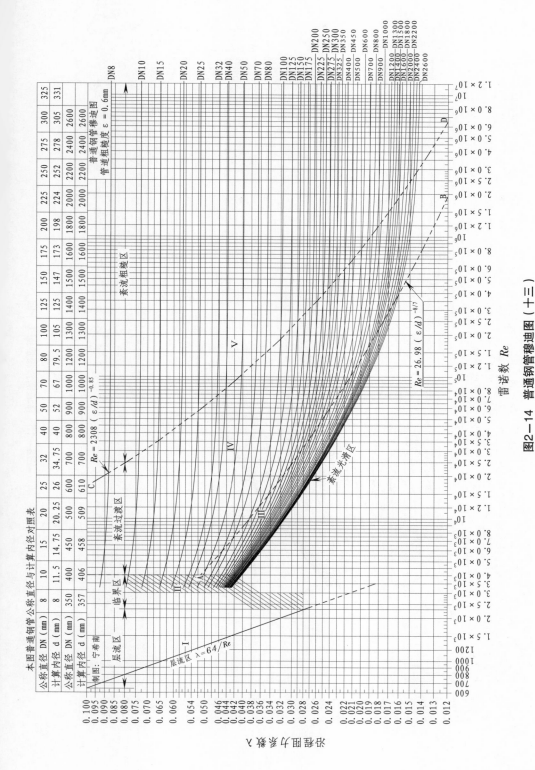

图2—14　普通钢管穆迪图（十三）

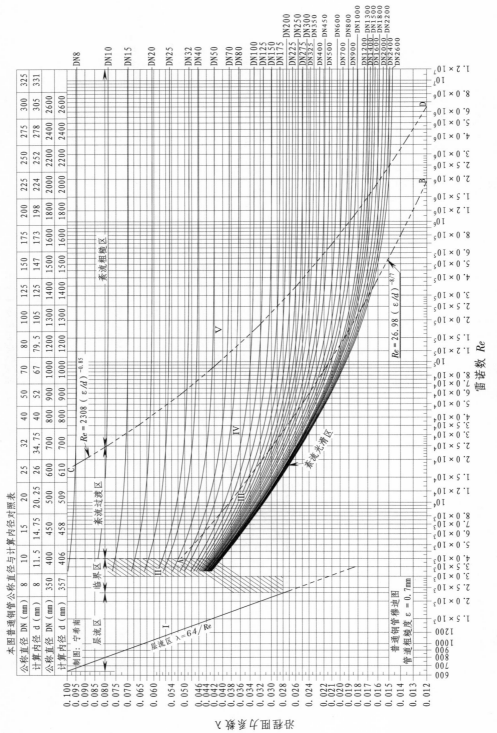

图2-15 普通钢管穆迪图（十四）

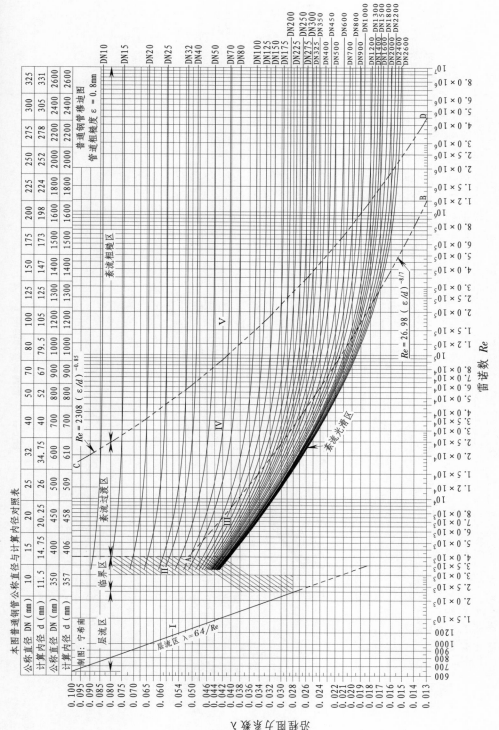

图2—16 普通钢管穆迪图（十五）

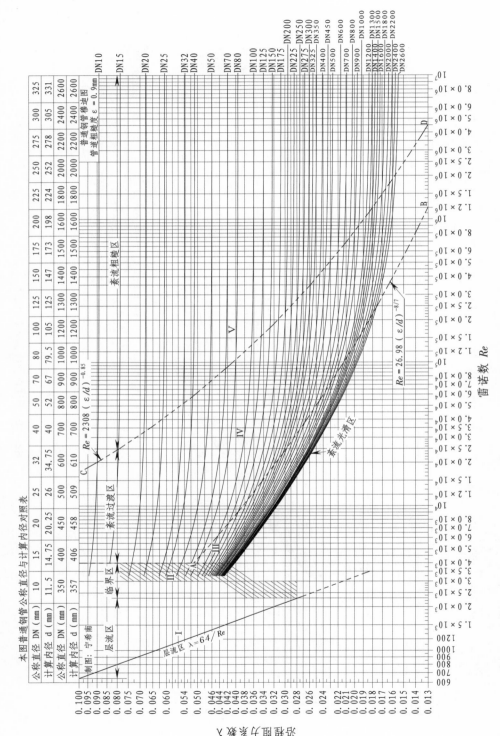

图2-17 普通钢管穆迪图（十六）

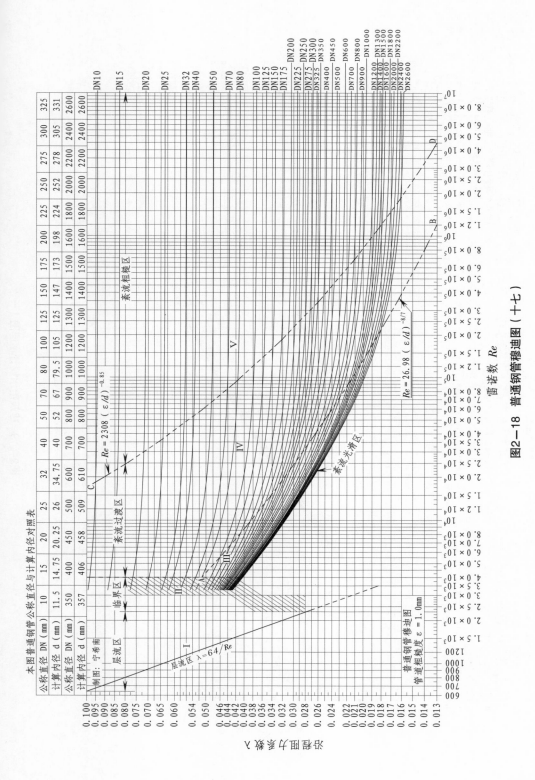

图2-18　普通钢管穆迪图（十七）

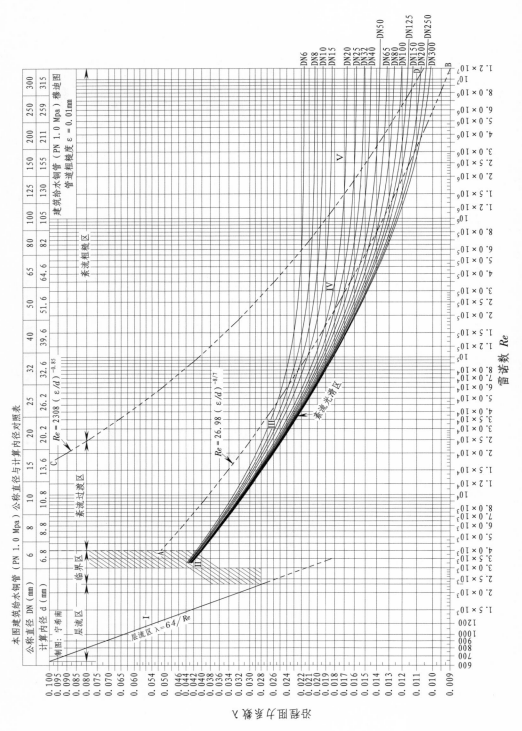

图2-19 建筑给水铜管穆迪图（一）

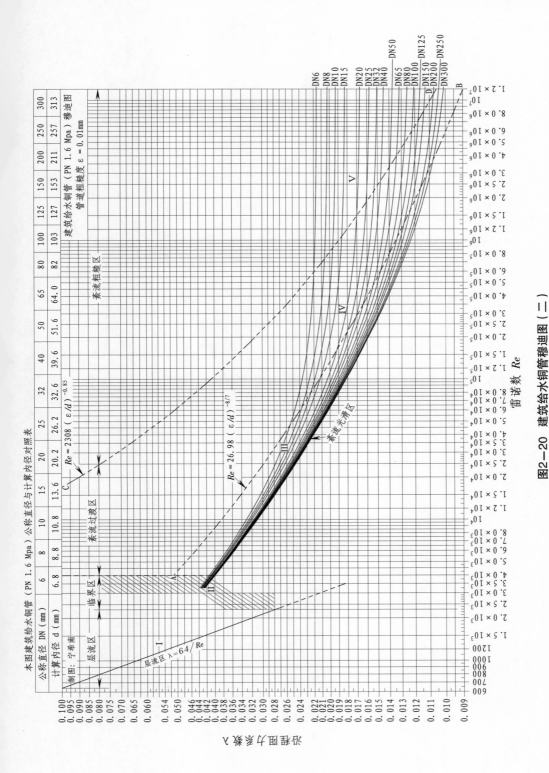

图2—20　建筑给水铜管穆迪图（二）

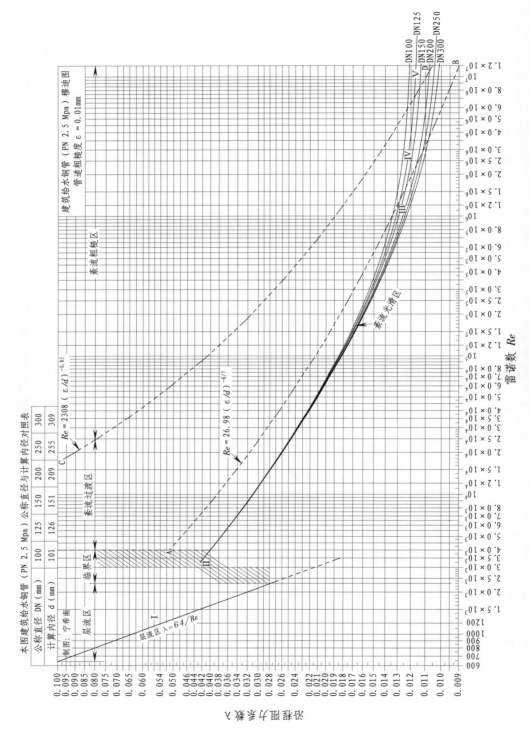

图2-21 建筑给水铜管穆迪图（三）

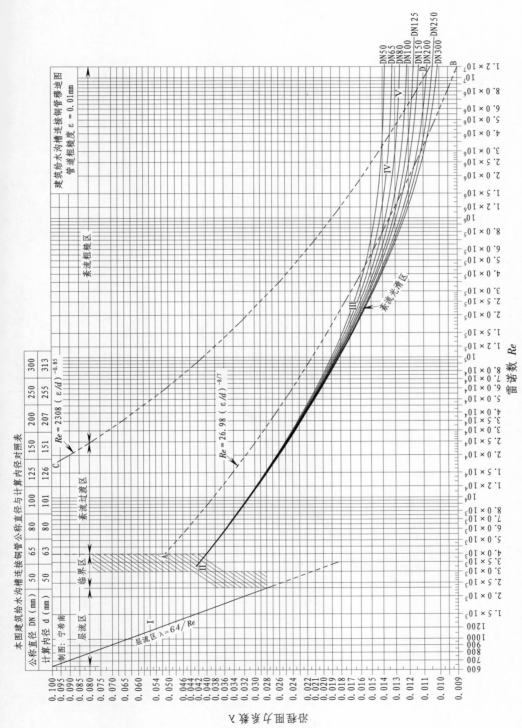

图2—22　建筑给水沟槽连接铜管穆迪图

■电脑制作高清穆迪图及常用水工隧洞和明渠临界水深计算图

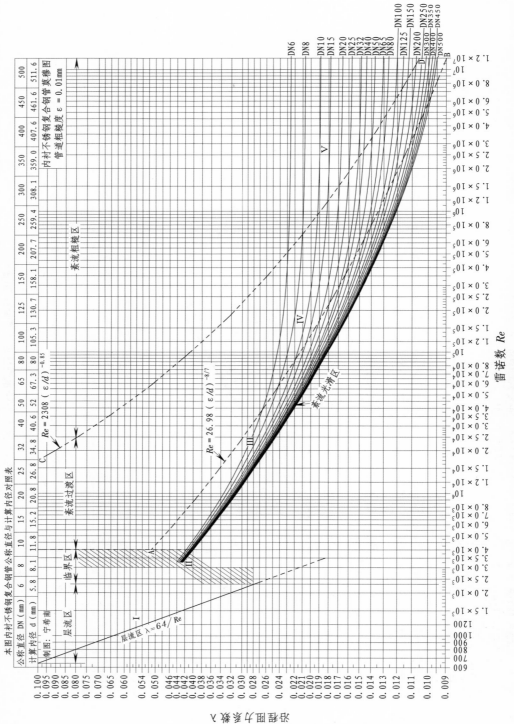

图2—23　内衬不锈钢复合钢管穆迪图

36

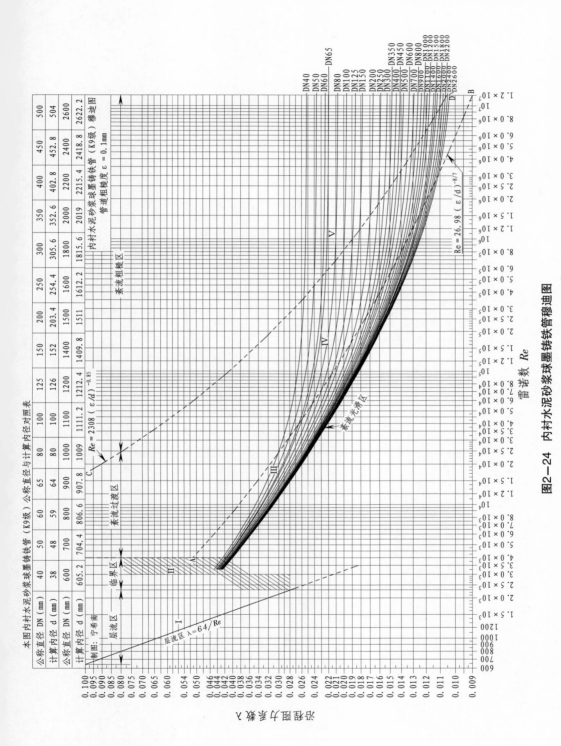

图2—24 内衬水泥砂浆球墨铸铁管穆迪图

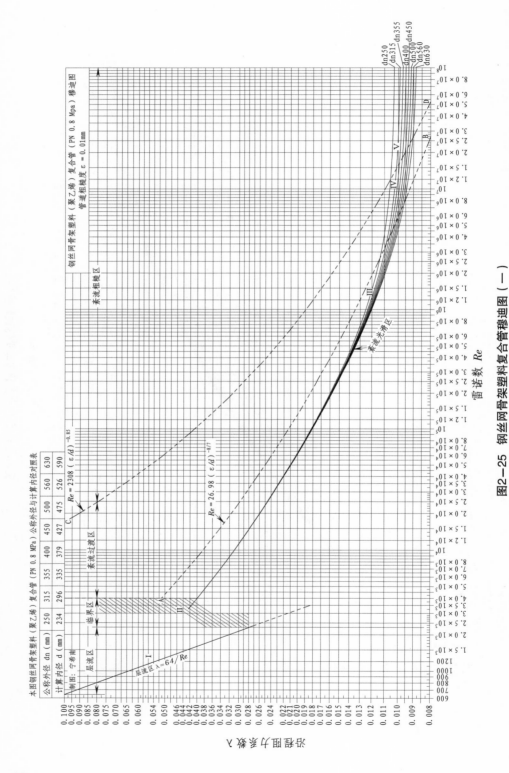

图2-25 钢丝网骨架塑料复合管穆迪图（一）

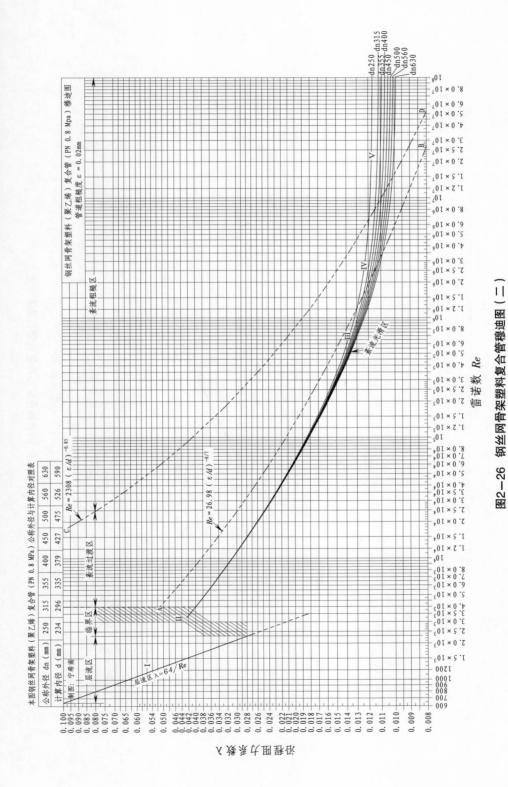

图2-26 钢丝网骨架塑料复合管穆迪图（二）

39

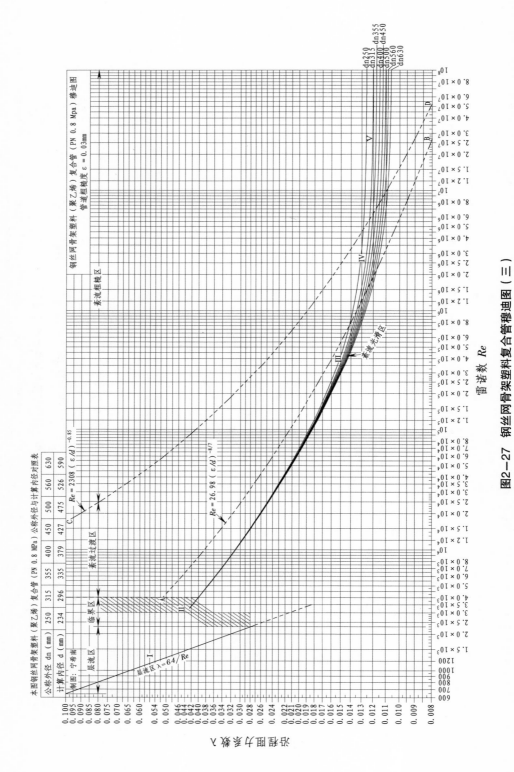

图2-27 钢丝网骨架塑料复合管穆迪图（三）

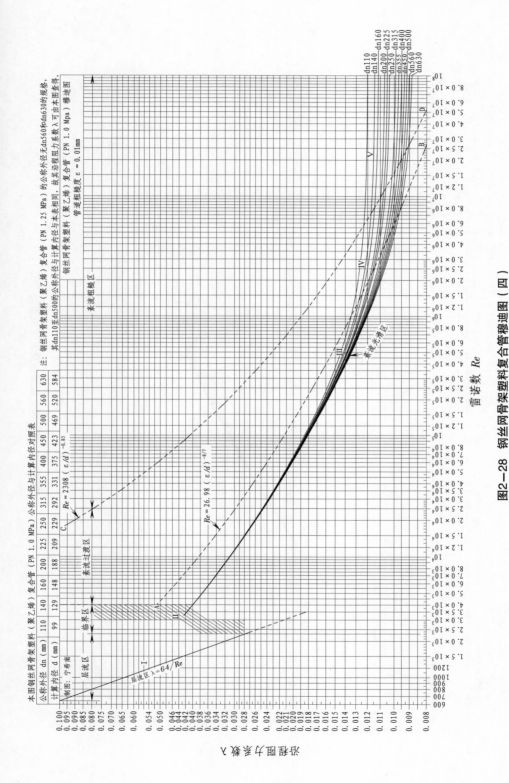

图2-28　钢丝网骨架塑料复合管穆迪图（四）

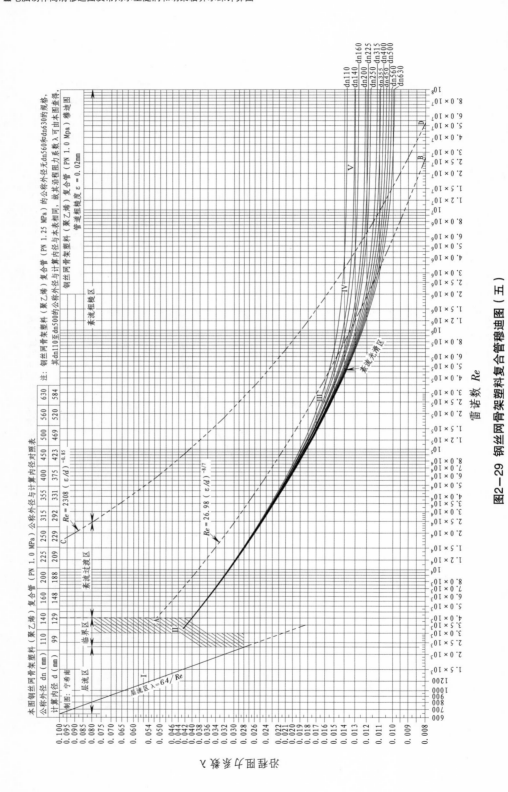

图2-29 钢丝网骨架塑料复合管穆迪图（五）

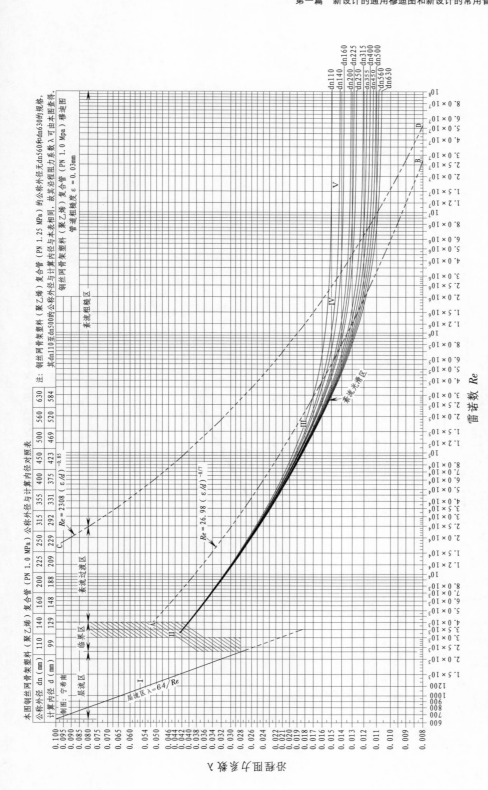

图2-30　钢丝网骨架塑料复合管穆迪图（六）

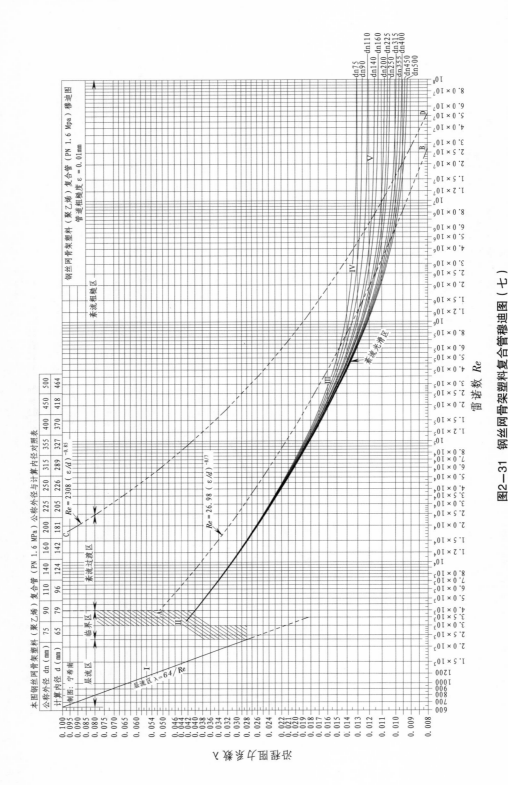

图2-31 钢丝网骨架塑料复合管穆迪图（七）

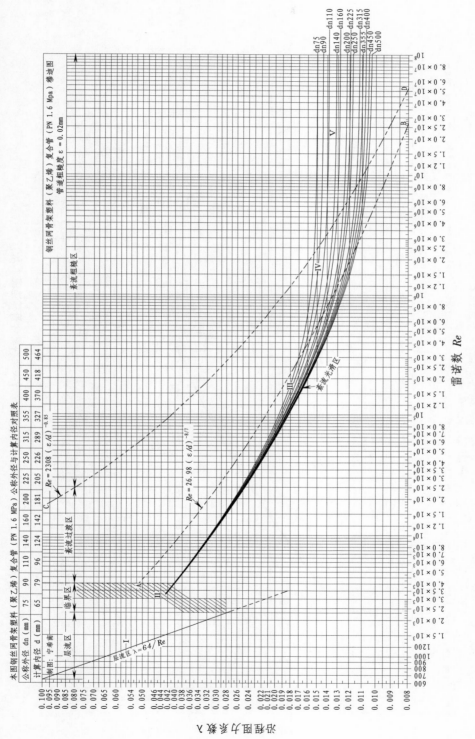

图2—32 钢丝网骨架塑料复合管穆迪图（八）

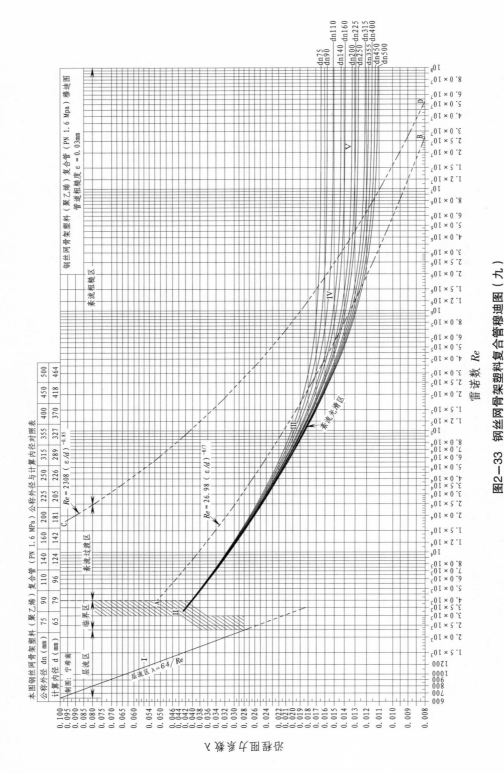

图2-33 钢丝网骨架塑料复合管穆迪图（九）

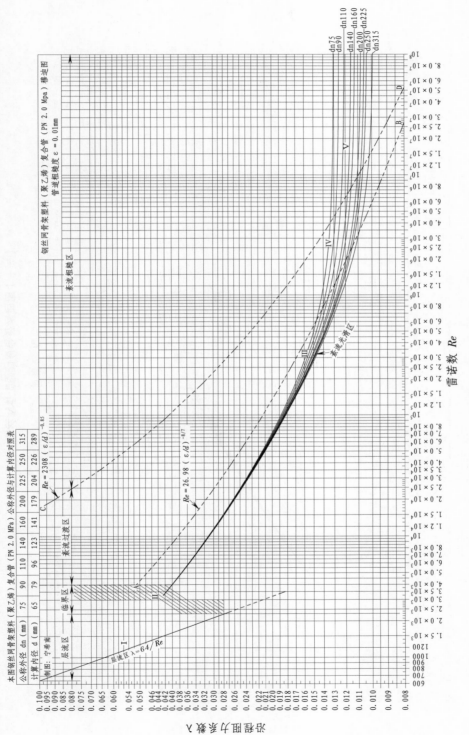

图2-34　钢丝网骨架塑料复合管穆迪图（十）

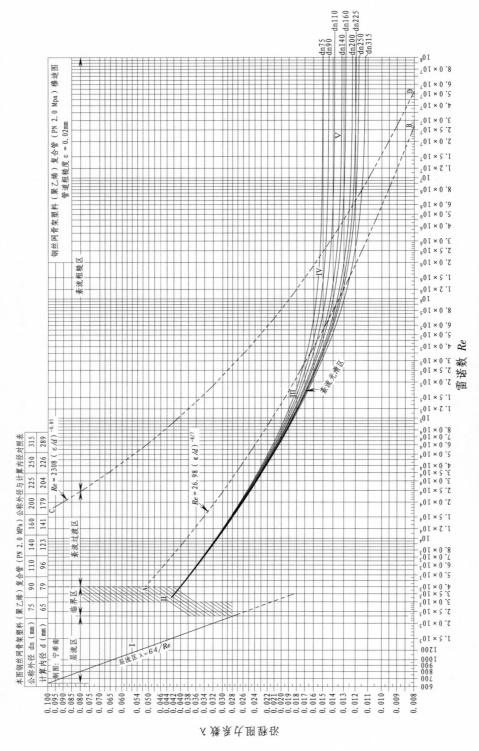

图2-35 钢丝网骨架塑料复合管穆迪图（十一）

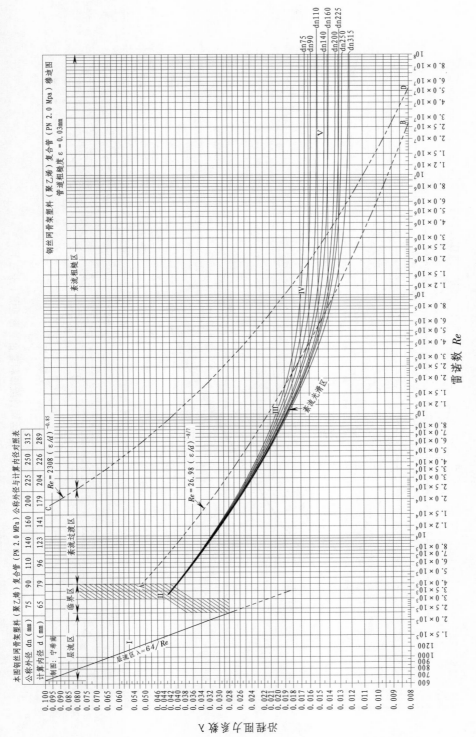

图2-36　钢丝网骨架塑料复合管穆迪图（十二）

49

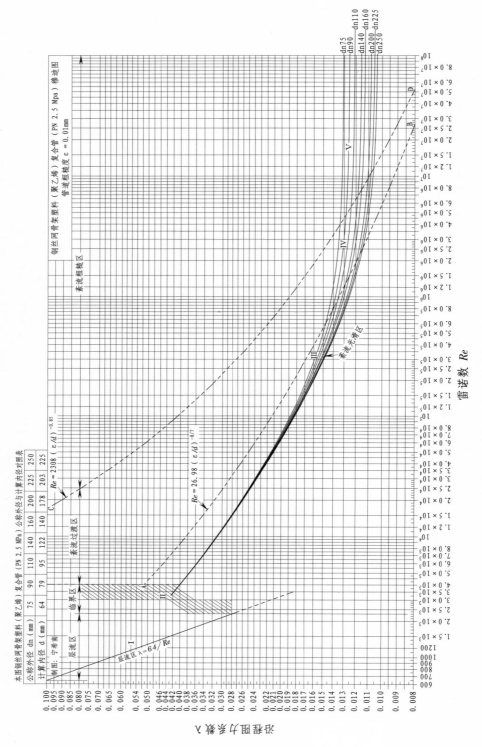

图2—37 钢丝网骨架塑料复合管穆迪图（十三）

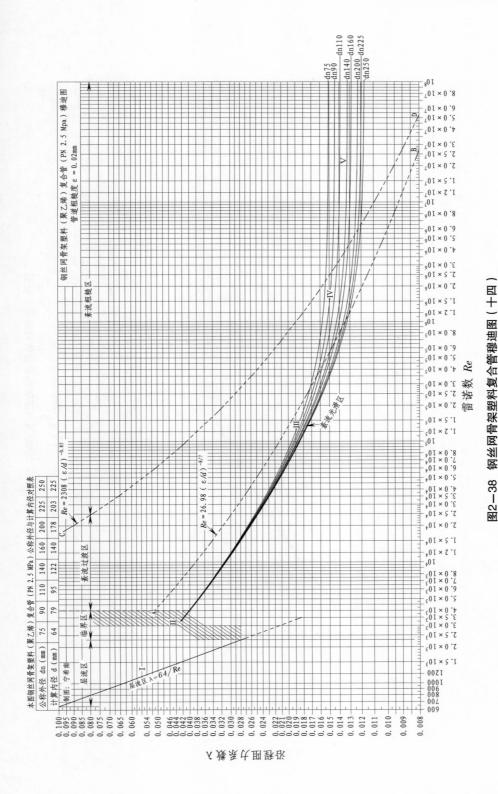

图2—38 钢丝网骨架塑料复合管穆迪图（十四）

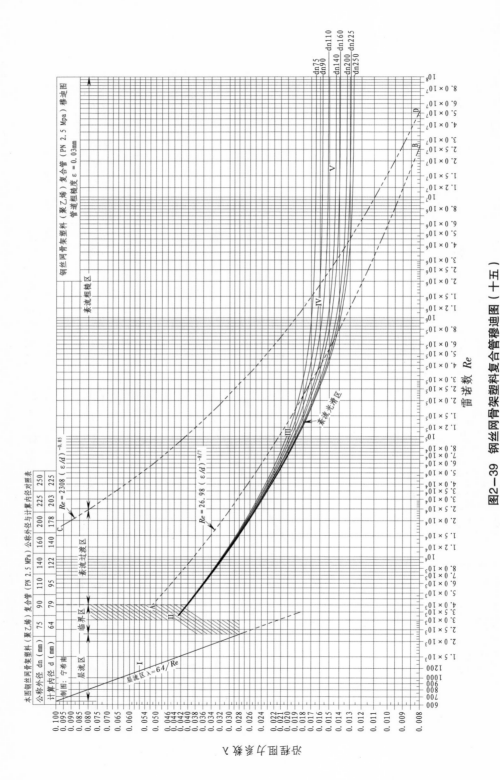

图2-39 钢丝网骨架塑料复合管穆迪图(十五)

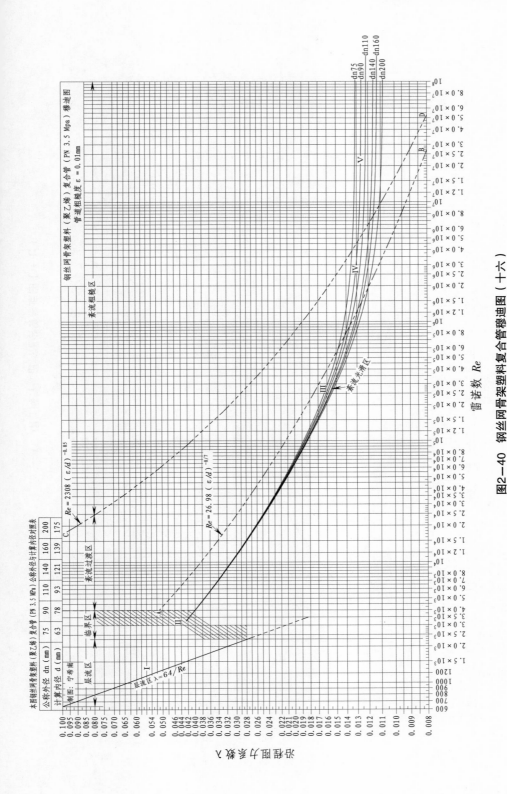

钢丝网骨架塑料（聚乙烯）复合管（PN 3.5 Mpa）穆迪图
管道粗糙度 ε = 0.01mm

本图钢丝网骨架塑料（聚乙烯）复合管（PN 3.5 MPa）公称外径与计算内径对照表

公称外径 dn（mm）	63	75	90	110	140	160	200
计算内径 d（mm）	53	63	78	93	121	139	175

制图：宁青南

图2—40　钢丝网骨架塑料复合管穆迪图（十六）

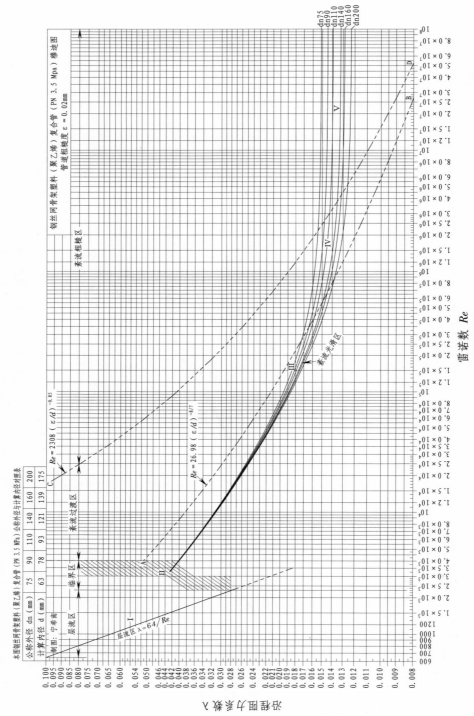

图2—41 钢丝网骨架塑料复合管穆迪图（十七）

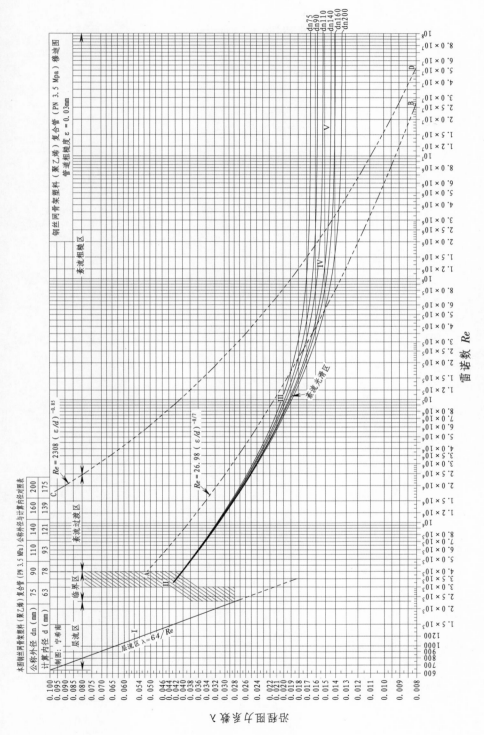

图2—42　钢丝网骨架塑料复合管穆迪图（十八）

第2篇

常用水工隧洞和明渠临界水深计算图

由明渠均匀流计算公式制作水力计算图，必须先计算管渠的过水断面 A 和湿周 ρ，以确定其水力半径 R。矩形断面、梯形断面、U 形断面和圆形断面等简单断面，其过水断面 A 和湿周 ρ 的计算公式都较简单，并有现成的计算公式。对于复杂断面水工隧洞的过水断面 A 和湿周 ρ 的计算，要根据其相应弧段分段计算，例如标准马蹄形断面（A 型）的特点是顶拱、侧墙及底板均为圆弧形，其中顶弧半径为 r，侧弧半径和底弧半径均为 $2r$，其过水断面 A 和湿周 ρ 应分为 3 段计算，计算非常烦琐复杂。

本书笔者以复杂断面水工隧洞各弧段所对应的水深圆心角作为基本变量，陆续推导出了标准门洞形断面、标准马蹄形断面（A 型）、标准马蹄形断面（B 型）、高拱形断面、倒蛋形断面、蛋形断面和低拱形断面的过水断面 A 和湿周 ρ 的精确计算公式，并用计算机技术编程，绘制了精确度较高的上述常用复杂断面重力流管渠水力计算图表（详见宁希南编著的《水利水电常用隧洞和明渠水力计算图表》和《新编给水排水工程常用管渠水力计算图表》）。

在上述精确计算公式的基础上，根据临界水深计算通式的内容，本书增加了过水断面水面宽度 B_s 等的计算公式。

上述复杂断面水工隧洞的过水断面 A 和湿周 ρ 的精确计算公式较复杂，都经过反复验算核对，其计算结果和在相应断面的 CAD 图中用 List 命令测量的结果一致，证明这些精确计算公式都是对的。

本书中复杂断面水工隧洞的临界水深计算图都是采用上述精确公式计算，并用计算机技术编程制作完成的。

3　重力流管渠水力计算公式

3.1　重力流管渠流速计算公式

本书的明渠、无压输水长隧洞和排水管道流速计算均采用以下明渠均匀流计算公式：

$$Q = Av \qquad\qquad 3-1$$

$$v = C\sqrt{Ri} \qquad\qquad 3-2$$

$$R = \frac{A}{\rho} \qquad\qquad 3-3$$

式中：

Q——流量（$\mathrm{m^3/s}$）；

A——过水断面面积（$\mathrm{m^2}$）；

v——平均流速（$\mathrm{m/s}$）；

i——水力坡降，明渠均匀流时，其水面线与管渠底坡线平行，$i = \sin\theta$，θ 为管渠底坡线与水平面的夹角，见图 3-1，当 $\theta \leqslant 6°$时，$i = \sin\theta \approx \tan\theta$；

R——水力半径（m）；

ρ——湿周（m）；

C——谢才系数（$\mathrm{m^{0.5}/s}$）。

谢才系数采用曼宁公式计算：

$$C = \frac{1}{n}R^{1/6} \qquad\qquad 3-4$$

式中：

n——粗糙系数；

R——水力半径（m）。

将式 3-4 代入式 3-2 中，得

$$v = \frac{1}{n}R^{2/3}i^{1/2} \qquad\qquad 3-5$$

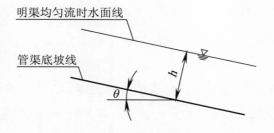

图3-1　管渠底坡线与水面线的夹角

3.2 重力流管渠临界水深计算通式

3.2.1 断面单位能量

如图 3-2 所示，由水力学原理得知，明渠非均匀渐变流某断面相对于该断面的最低点的单位重量流体的机械能 e 为

$$e = h\cos\theta + \frac{\alpha v^2}{2g}$$

式中 θ 为管渠底坡线与水平面的夹角，当 $\theta \leqslant 6°$ 时，$\cos\theta \approx 1$，则

$$e = h + \frac{\alpha v^2}{2g} \qquad\qquad 3-6$$

式中：

e——断面单位能量（m）；

h——断面水深（m）；

g——重力加速度（m/s²），为 9.81；

α——动能修正系数；

v——平均流速（m/s）。

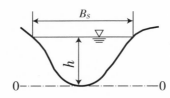

图3-2 明渠断面简图

3.2.2 临界水深计算通式

临界水深是指渠道断面形状和流量给定的条件下，相应于断面单位能量最小时的水深。

断面形状与尺寸沿程不变的渠道称为棱柱形渠道，否则为非棱柱形渠道。棱柱形渠道的过水断面面积只随水深而变化，即 $A = f(h)$；而非棱柱形渠道的过水断面面积既随水深而变化又随断面位置而变化，即 $A = f(h, s)$。

对于棱柱形渠道，在流量一定时，断面单位能量将随水深的变化而变化，即

$$e = h + \frac{\alpha v^2}{2g} = h + \frac{\alpha Q^2}{2gA^2} = f(h) \qquad\qquad 3-7$$

将式 3 - 7 求 e 对 h 的导数：

$$\frac{de}{dh} = \frac{d}{dh}\left(h + \frac{\alpha v^2}{2g}\right)$$

$$= 1 + \frac{d}{dh}\left(\frac{\alpha Q^2}{2gA^2}\right)$$

$$= 1 - \frac{\alpha Q^2}{gA^3}\frac{dA}{dh}$$

$$= 1 - \frac{\alpha Q^2}{gA^3}B_s \qquad\qquad 3 - 8$$

式中 $\frac{dA}{dh}$ 表示过水断面 A 由于水深 h 的变化所引起的变化率，它等于过水断面水面宽度 B_s（见图 3 - 3）。

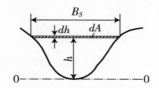

图3 - 3　过水断面水面宽度B_S

若临界水深以 h_k 表示，相应的过水断面面积和水面宽度分别以 A_k、B_k 表示。

令 $\frac{de}{dh} = 0$，得　$1 - \frac{\alpha Q^2}{gA_k^3}B_k = 0$

或 $$\frac{\alpha Q^2}{g} = \frac{A_k^3}{B_k} \qquad\qquad 3 - 9$$

式 3 - 9 即为求临界水深的通式。其中，等式左边是已知值，等式右边的 A_k、B_k 均为相应临界水深 h_k 的函数。除矩形断面外，$\frac{A_k^3}{B_k}$ 一般是水深的隐函数，临界水深 h_k 无法用常规的代数式求解，故常采用试算法或图解法求解，但求解过程很复杂。如今，计算机已广泛应用于各个领域，用计算机编程求解临界水深已不是困难的事。

3.2.3　临界坡度和临界流速

在棱柱形渠道中，当断面形状、尺寸和流量一定，若水流的正常水深 h_0 恰好等于临界水深 h_k 时，其渠底坡度称为临界坡度 i_k，相应的水流速度称为临界流速 v_k。

由某断面形状渠道求解临界水深 h_k 时，其过水断面尺寸及其过水断面的湿周 ρ 和

水力半径 R 等水力要素也在求解过程中确定了。

由式 3 – 1 和式 3 – 2 得

$$Q = A_k C_k \sqrt{R_k i}$$

根据临界水深公式：

$$\frac{\alpha Q^2}{g} = \frac{A_k^3}{B_k}$$

将上两式联立求解，得临界坡度为

$$i_k = \frac{g}{\alpha C_k^2} \frac{\rho_k}{B_k} \qquad\qquad 3 – 10$$

式中，C_k 和 ρ_k 分别为该断面水流在临界水深时的谢才系数和湿周，其余同前。

临界流速可根据上述计算得出的数据由式 3 – 1 或式 3 – 5 求得。

3.2.4 缓流、急流、临界流及其判别准则

在棱柱形渠道中，当水流速度为临界流速时，其水流状态称为临界流。当水流速度小于临界流速时，其水流状态称为缓流。当水流速度大于临界流速时，其水流状态称为急流。其判别准则总结如下：

① $h > h_k$ 时，$v < v_k$，$i < i_k$，水流为缓流。

② $h = h_k$ 时，$v = v_k$，$i = i_k$，水流为临界流。

③ $h < h_k$ 时，$v > v_k$，$i > i_k$，水流为急流。

缓流、急流、临界流的判别也可以用弗劳德数法：

由 $\quad \dfrac{de}{dh} = 1 - \dfrac{\alpha Q^2}{gA^3} \dfrac{dA}{dh} = 1 - \dfrac{\alpha Q^2}{gA^3} B_s = 0$

得 $\quad \dfrac{de}{dh} = 1 - \dfrac{\alpha v^2}{gA} B_s = 1 - \dfrac{\alpha v^2}{g \dfrac{A}{B_s}} = 1 - \dfrac{\alpha v^2}{gh_m} = 1 - Fr = 0$

式中，$Fr = \dfrac{\alpha v^2}{gh_m}$ 为弗劳德数，h_m 为平均水深，于是当 $\dfrac{de}{dh} > 0$ 或 $Fr < 1$ 时，水流为缓流；当 $\dfrac{de}{dh} < 0$ 或 $Fr > 1$ 时，水流为急流；当 $\dfrac{de}{dh} = 0$ 或 $Fr = 1$ 时，水流为临界流。

缓流、急流、临界流的判别还可以用波速法，详见有关水力学文献，本书不再赘述。

4　矩形断面明渠临界水深计算

矩形断面明渠见图 4 - 1。

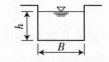

图4 - 1　矩形断面明渠

4.1　计算公式

4.1.1　流速计算公式

流速计算公式参照 3.1 节内容。

4.1.2　过水断面 A、湿周 ρ 和水面宽度 B_s 的计算公式

$$A = Bh \qquad\qquad 4-1$$

$$\rho = B + 2h \qquad\qquad 4-2$$

$$B_s = B \qquad\qquad 4-3$$

式中：

A——过水断面（m^2）；

ρ——湿周（m）；

B——矩形断面底宽（m）；

B_s——过水断面水面宽度（m）；

h——矩形断面水深（m）。

4.1.3　临界水深计算公式

对于矩形断面的明渠水流，由于其水面宽度 B_s 和渠底宽度 B 相等，将其过水断面面积 $A = Bh$ 代入式 3 - 9，得

$$\frac{\alpha Q^2}{g} = \frac{(Bh_k)^3}{B} = B^2 h_k{}^3$$

63

或

$$h_k = \sqrt[3]{\frac{\alpha Q^2}{gB^2}} = \sqrt[3]{\frac{\alpha q^2}{g}} \qquad\qquad 4-4$$

式中，$q = \dfrac{Q}{B}$，称为单宽流量。

式 4-4 即为矩形断面明渠的临界水深计算公式。

计算得出矩形断面明渠的临界水深后，就可计算出临界坡度和临界流速，详见第 3 章。

4.2　矩形断面明渠临界水深计算图及其使用说明

根据上述计算公式，笔者用计算机制作了宽度 $B = 400 \sim 8000\text{mm}$ 的矩形断面临界水深计算图（见图 4-2 至 4-4）。

【例】某长距离输水明渠，拟采用混凝土衬砌矩形断面，底宽 $B = 6500\text{mm}$，粗糙系数 $n = 0.014$，设计流量 $Q = 65\text{m}^3/\text{s}$。当明渠纵坡 $i = 0.00026$ 时，其正常水深 $h = 5400\text{mm}$，流速 $v = 1.85\text{m/s}$，试判别水流的流态。

【解】为判别水流的流态，需先计算其临界水深，由图 4-4 矩形断面临界水深计算图（三）（$B = 1400 \sim 8000\text{mm}$）查得，当流量 $Q = 65\text{m}^3/\text{s} = 65000$ L/s，底宽 $B = 6500\text{mm}$ 时，临界水深 $h_k \approx 2170\text{mm}$。

由于正常水深 $h = 5400\text{mm}$，大于临界水深 $h_k \approx 2170\text{mm}$，故水流的流态为缓流。

也可由式 4-4 计算临界水深（取动能修正系数 $\alpha = 1$）：

$$h_k = \sqrt[3]{\frac{\alpha Q^2}{gB^2}} = \sqrt[3]{\frac{65^2}{9.81 \times 6.5^2}} = 2.168\text{m} = 2168\text{mm}$$

所得临界水深和查图的结果很接近。

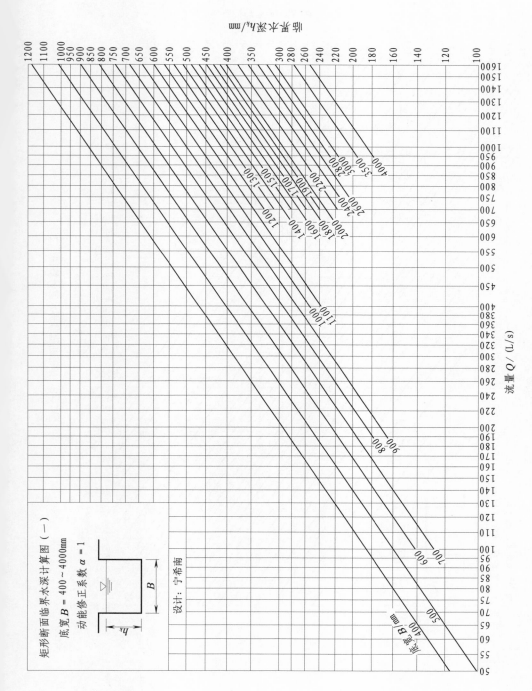

图4-2　矩形断面临界水深计算图（一）

矩形断面临界水深计算图（一）

底宽 $B = 400 \sim 4000\text{mm}$

动能修正系数 $\alpha = 1$

设计：宁希南

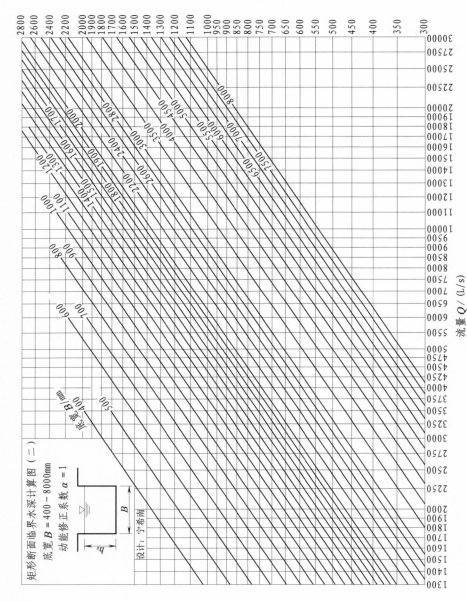

图4-3 矩形断面临界水深计算图（二）

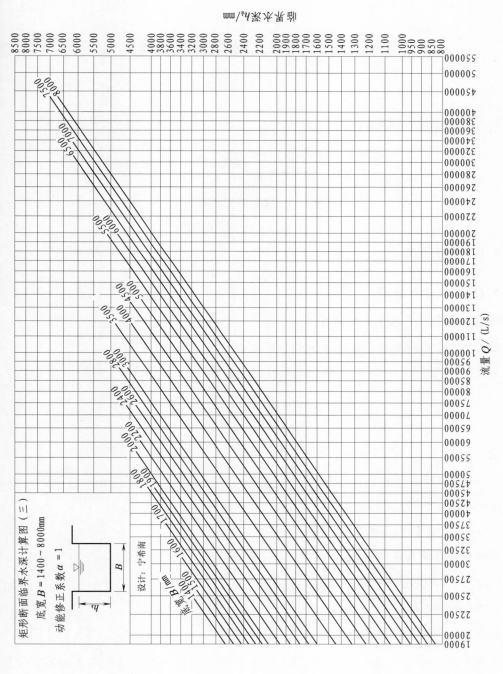

图4—4　矩形断面临界水深计算图（三）

5 梯形断面明渠临界水深计算

梯形断面明渠见图5－1。

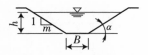

图5－1 梯形断面明渠

5.1 计算公式

5.1.1 流速计算公式

流速计算公式参照3.1节内容。

5.1.2 过水断面 A、湿周 ρ 和水面宽度 B_s 的计算公式

$$A = （B + mh）h \qquad\qquad 5-1$$

$$\rho = B + 2h\sqrt{1 + m^2} \qquad\qquad 5-2$$

$$B_s = B + 2mh \qquad\qquad 5-3$$

式中：

A——过水断面（m^2）；

ρ——湿周（m）；

B——梯形断面明渠底宽（m）；

B_s——过水断面水面宽度（m）；

h——梯形断面明渠水深（m）；

m——边坡系数，$m = \cot\alpha$。

5.1.3 临界水深计算公式

若梯形断面明渠水流的临界水深以 h_k 表示，相应的过水断面面积和水面宽度分以 A_k、B_k 表示，根据图5－1，得

$$A_k = (B + mh_k) h_k$$

$$B_k = B + 2mh_k$$

将上述两式代入式 3 - 9，得

$$\frac{\alpha Q^2}{g} = \frac{(B + mh_k)^3 h_k^3}{B + 2mh_k}$$

$$h_k = \left(\frac{\alpha Q^2}{g}\right)^{1/3} \frac{(B + 2mh_k)^{1/3}}{B + mh_k} \qquad\qquad 5 - 4$$

式 5 - 4 即为求梯形断面明渠水流的临界水深 h_k 的迭代式，是隐函数公式，可使用计算机编程求解。

计算得出梯形断面明渠的临界水深后，就可计算出临界坡度和临界流速，详见第 3 章。

5.2 梯形断面明渠临界水深计算图及其使用说明

根据上述计算公式，笔者用计算机制作了宽度 $B = 400 \sim 8000\text{mm}$ 的梯形断面临界水深计算图（见图 5 - 2 至 5 - 7）。

【例】某长距离输水明渠，为浆砌块石梯形断面，底宽 $B = 6500\text{mm}$，边坡系数 $m = 2.0$，粗糙系数 $n = 0.025$，设计流量 $Q = 90\text{m}^3/\text{s}$，当明渠纵坡 $i = 0.0012$ 时，其正常水深 $h = 3200\text{mm}$，流速 $v = 2.18\text{m/s}$，试判别水流的流态。

【解】该题如由上述公式计算求解，需多次反复试算，非常烦琐复杂，如查图，则可直接得出结果。

为判别水流的流态，需首先计算其临界水深，由图 5 - 7 梯形断面临界水深计算图（六）（$m = 2.0$，$B = 1000 \sim 8000\text{mm}$）查得，当流量 $Q = 90\text{m}^3/\text{s} = 90000\text{ L/s}$，底宽 $B = 6500\text{mm}$ 时，临界水深 $h_k \approx 2150\text{mm}$。

由于正常水深 $h = 3200\text{mm}$，大于临界水深 $h_k \approx 2150\text{mm}$，故水流的流态为缓流。

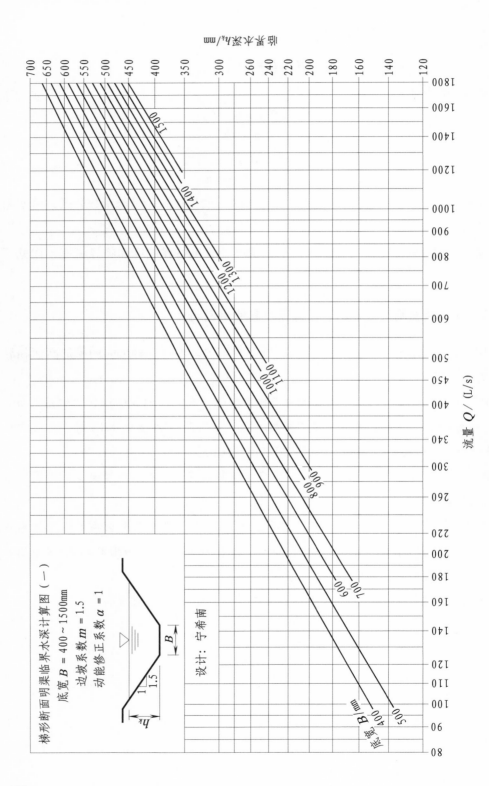

图5－2 梯形断面临界水深计算图（一）

70

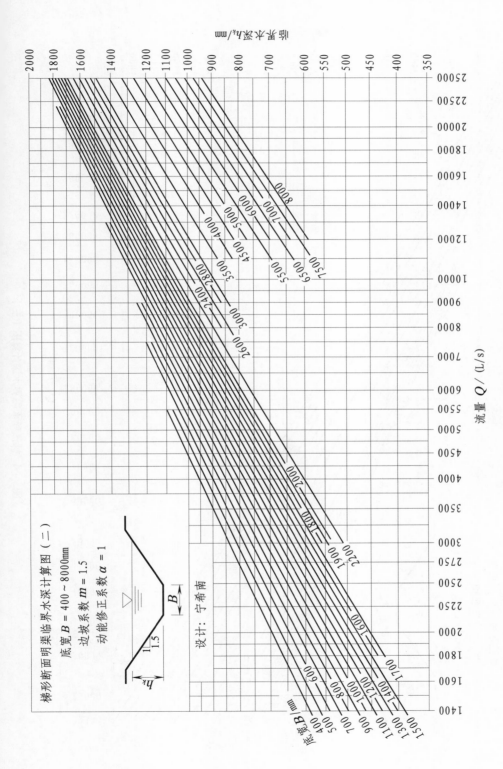

图5-3　梯形断面临界水深计算图（二）

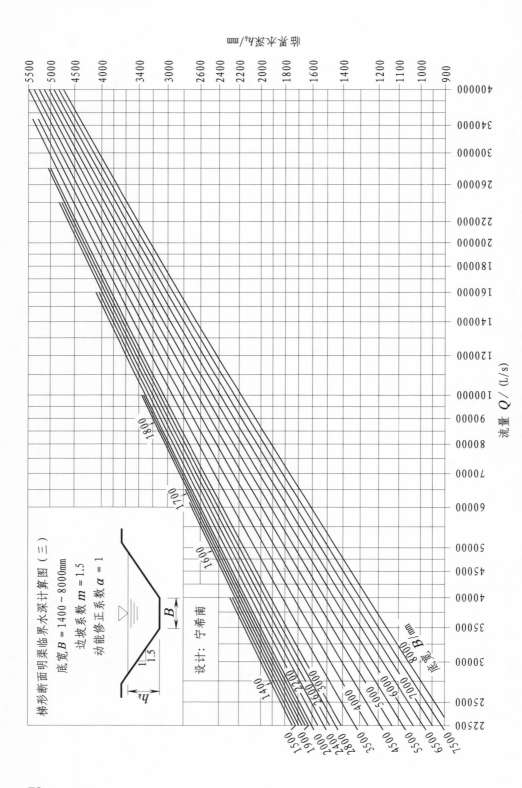

图5-4 梯形断面临界水深计算图（三）

临界水深 h_k/mm

流量 Q/（L/s）

梯形断面明渠临界水深计算图（三）

底宽 $B = 1400 \sim 8000mm$

边坡系数 $m = 1.5$

动能修正系数 $\alpha = 1$

底宽 B/mm

设计：宁希南

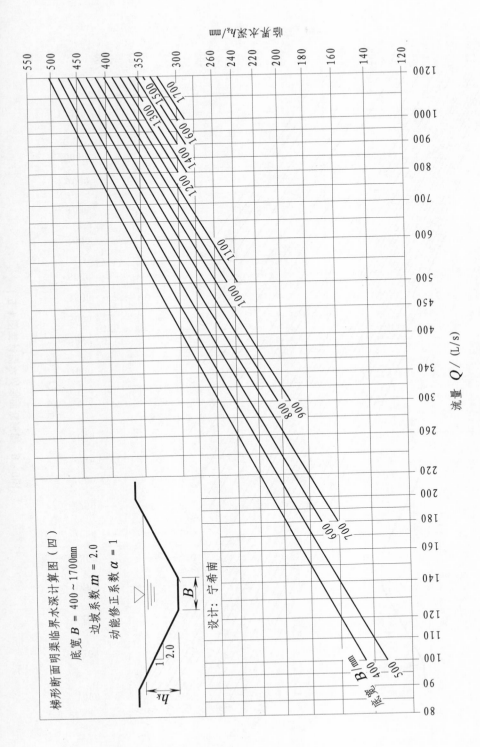

梯形断面明渠临界水深计算图（四）

底宽 $B = 400 \sim 1700mm$

边坡系数 $m = 2.0$

动能修正系数 $\alpha = 1$

设计：宁希南

图5-5　梯形断面临界水深计算图（四）

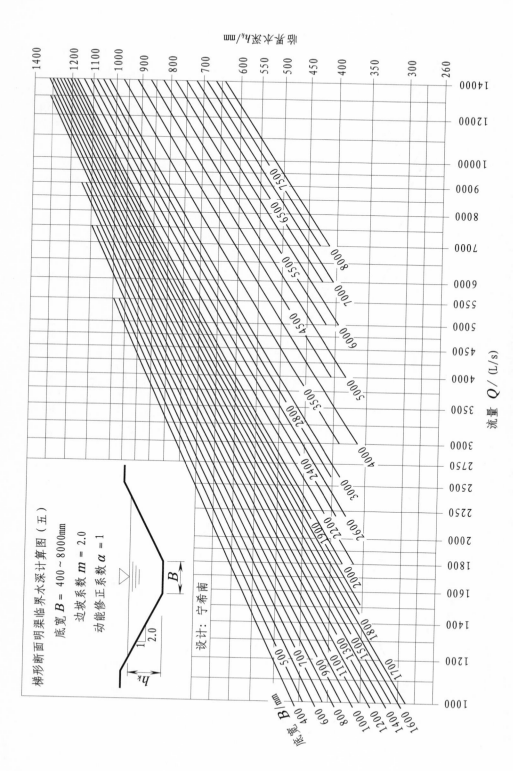

图5-6 梯形断面临界水深计算图（五）

74

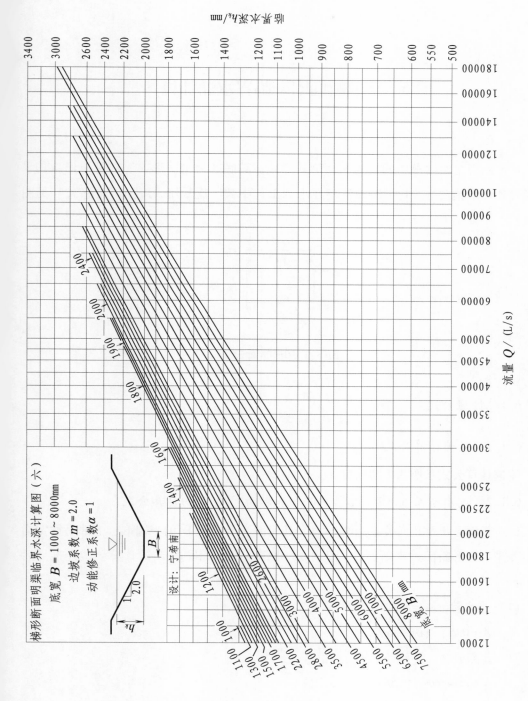

图5-7 梯形断面临界水深计算图（六）

6 U形断面明渠临界水深计算

U形断面是渡槽常用的槽身断面形式之一，其底部为半圆形，上部是矩形。其水力条件比矩形槽要好。U形断面渡槽在水利工程中被广泛采用，应用历史悠久（见图6-1）。

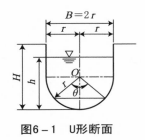

图6-1 U形断面

6.1 计算公式

6.1.1 流速计算公式

流速计算公式参照3.1节内容。

6.1.2 过水断面A、湿周ρ、水深h和水面宽度B_s的计算公式

U形断面形状及几何关系见图6-1。其底部为半径为$1r$的半圆形，上部是槽宽为$2r$的矩形。U形断面过水断面A、湿周ρ、水深h和水面宽度B_s的计算公式经推导后如下：

（1）当水深$h \leqslant 1r$时，

$$A = 0.5r^2 \ (\theta - \sin\theta)$$

$$\rho = r\theta$$

$$h = r - r \cos \ (0.5\theta)$$

$$B_s = 2r \sin \ (0.5\theta)$$

（2）当 $h > 1r$ 时，

$$A = 0.5\pi r^2 + 2r\ (h - r)$$

$$\rho = \pi r + 2\ (h - r)$$

$$B_s = B$$

式中：θ——管渠断面水深圆心角，以弧度计。

其余参数同前。

6.1.3　临界水深计算

U 形断面临界水深 h_k 可根据式 3 – 6 或式 3 – 9 使用计算机编程求解，其中过水断面面积 A 和水面宽度 B_s 等需按 6.1.2 节的计算公式分段计算。

计算得出临界水深后，就可计算出临界坡度和临界流速，详见第 3 章。

6.2　U 形断面临界水深计算图及其使用说明

根据上述计算公式，笔者用计算机制作了宽度 $B = 600 \sim 8000\text{mm}$ 的 U 形断面临界水深计算图（见图 6 – 2 至 6 – 4）。

【例】某长距离输水渡槽，为钢筋混凝土 U 形断面，渡槽宽度 $B = 4500\text{mm}$，粗糙系数 $n = 0.014$，设计流量 $Q = 30\text{m}^3/\text{s}$，当渡槽纵坡 $i = 0.00095$ 时，其正常水深 $h = 3000\text{mm}$，流速 $v = 2.65\text{m/s}$，试判别水流的流态。

【解】该题如由上述公式计算求解，需多次反复试算，非常烦琐，如查图，则可直接得出结果。

为判别水流的流态，需首先计算其临界水深，由图 6 – 4 U 形断面临界水深计算图（三）（$B = 1100 \sim 8000\text{mm}$）查得，当流量 $Q = 30\text{m}^3/\text{s} = 30000$ L/s，渡槽宽度 $B = 4500\text{mm}$ 时，临界水深 $h_k \approx 2140\text{mm}$。

由于正常水深 $h = 3000\text{mm}$，大于临界水深 $h_k \approx 2140\text{mm}$，故水流的流态为缓流。

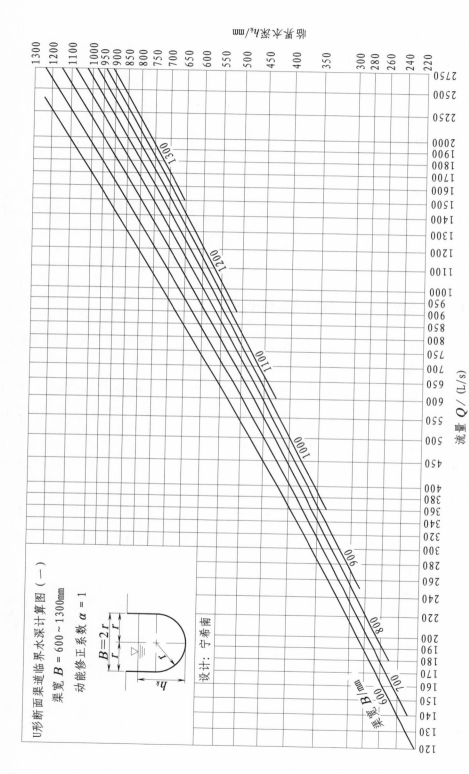

图6-2 U形断面临界水深计算图（一）

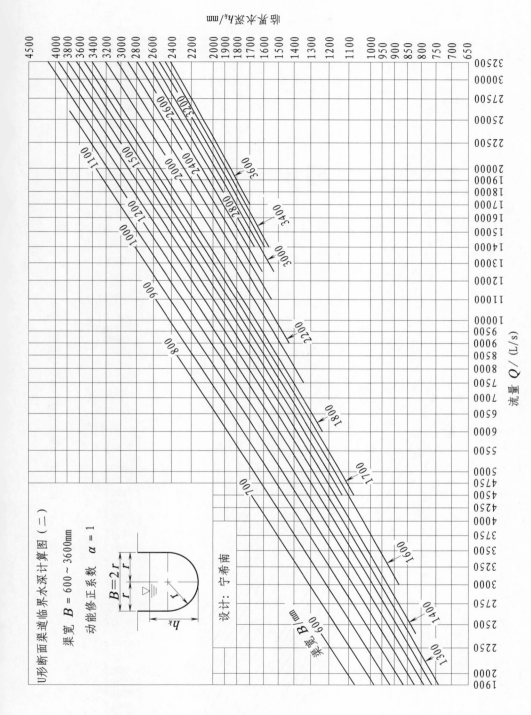

图6-3　U形断面临界水深计算图（二）

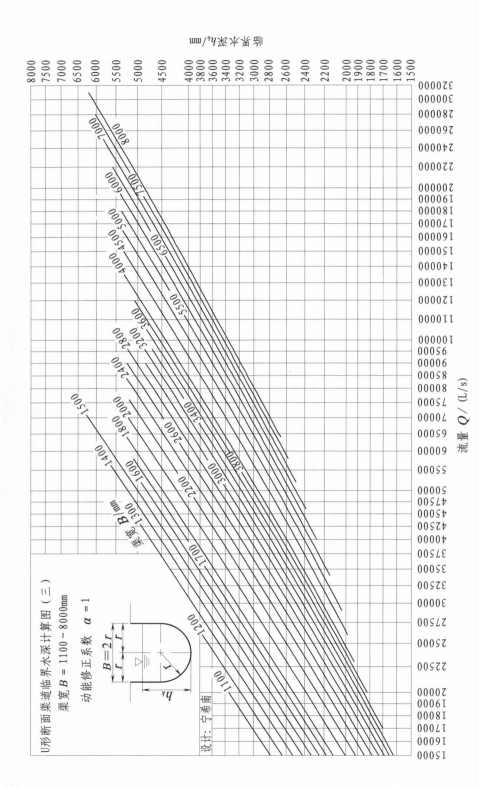

图6-4 U形断面临界水深计算图（三）

7　标准门洞形断面临界水深计算

门洞形（又称城门形、圆拱直墙形）断面是无压输水隧洞工程中采用最多的一种断面形式。其侧墙为直墙，顶拱为圆弧形，圆拱中心角为90°～180°。当圆拱中心角为180°，且底角修圆时，称标准门洞形断面。

标准门洞形断面在水利水电工程中被广泛采用，应用历史悠久（见图7－1）。

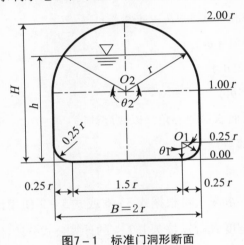

图7－1　标准门洞形断面

7.1　计算公式

7.1.1　流速计算公式

流速计算公式参照3.1节内容。

7.1.2　过水断面 A、湿周 ρ、水深 h 和水面宽度 B_s 的计算公式

标准门洞形断面形状及几何关系见图7－1，其中顶弧半径为 r，底部圆角半径为 $0.25r$，圆拱中心角为180°。标准门洞形断面过水断面 A、湿周 ρ、水深 h 和水面宽度 B_s 的计算公式经推导后如下：

（1）当水深 $h \leqslant 0.25r$ 时（即 $h/H \leqslant 0.125$ 时），

$$A = 0.0625r^2 \left(\theta_1 - \sin\theta_1\cos\theta_1\right) + 0.375 \, r^2 \left(1 - \cos\theta_1\right)$$

$$\rho = \left(1.5 + 0.5\theta_1\right) r$$

$$h = 0.25r \left(1 - \cos\theta_1\right)$$

$$B_s = \left(1.5 + 0.5\sin\theta_1\right) r$$

（2）当 $0.25r < h \leqslant 1.0r$ 时（即 $0.125 < h/H \leqslant 0.50$ 时），

$$A = \left(4 \, h/H - 0.02682523\right) r^2$$

$$\rho = \left(4 \, h/H + 1.785398164\right) r$$

$$B_s = 2r$$

（3）当 $1.0r < h \leqslant 2.0r$ 时（即 $0.50 < h/H \leqslant 1.00$ 时），

$$A = 0.402378443r^2 + 0.5 \left(\theta_2 - \sin\theta_2\right) r^2$$

$$\rho = \left(0.64380551 + \theta_2\right) r$$

$$h = 2r \sin^2 \left(0.25\theta_2\right)$$

$$B_s = 2r \sin \left(0.5\theta_2\right)$$

式中：θ——管渠断面水深圆心角，以弧度计。

其余参数同前。

7.1.3　临界水深计算

标准门洞形断面临界水深 h_k 可根据式 3 - 6 或式 3 - 9 使用计算机编程求解，其中过水断面面积 A 和水面宽度 B_s 等需按 7.1.2 节的计算公式分段计算。

计算得出临界水深后，就可计算出临界坡度和临界流速，详见第 3 章。

7.2　标准门洞形断面临界水深计算图及其使用说明

根据上述计算公式编程，笔者用计算机制作了如下的水力计算图表：

（1）标准门洞形断面水力要素计算见表 7 - 1，非满流时的水流断面面积、流量及流速修正值见表 7 - 2。

（2）宽度 $B = 1400 \sim 8000\mathrm{mm}$ 的标准门洞形断面临界水深计算图（见图 7 - 2 至 7 - 4）。

【例1】某长距离无压输水隧洞，为混凝土衬砌标准门洞形断面，隧洞宽度 $B = 6000\mathrm{mm}$，粗糙系数 $n = 0.014$，设计流量 $Q = 50\mathrm{m^3/s}$，当隧洞纵坡 $i = 0.00044$ 时，其正

常水深 $h = 3900$mm（其充满度 $h/H = 0.65$），流速 $v = 2.17$m/s，试判别水流的流态。

【解】该题如由上述公式计算求解，需多次反复试算，非常烦琐，如查图，则可直接得出结果。

为判别水流的流态，需首先计算其临界水深，由图 7-3 标准门洞形断面临界水深计算图（二）（$B = 1400 \sim 7000$ mm）查得，当流量 $Q = 50$m³/s $= 50000$ L/s，隧洞宽度 $B = 6000$mm 时，临界水深 $h_k \approx 1960$mm。

由于正常水深 $h = 3900$mm，大于临界水深 $h_k \approx 1960$mm，故水流的流态为缓流。

【例2】求上题的临界流速和临界坡度。

【解】临界水深求出后，可利用表 7-1 求解临界流速和临界坡度。

由图 7-2 可知，标准门洞形断面的洞高 $H = 2r = B = 6000$mm，所以当临界水深 $h_k = 1960$mm 时，临界充满度为 $h_k/H = 1960$mm$/6000$mm $= 0.327 \approx 0.33$。

由表 7-1 查得，$h/H = 0.33$ 时，过水断面 $A = 1.2932r^2$，水力半径 $R = 0.4164r$。由图 7-2 可知，顶弧半径 $r = 0.5B = 0.5 \times 6000$mm $= 3$m。

所以，临界流速为 $v = Q \div A = 50$m³/s $\div$ [$1.2932 \times$ （3m）^{2}] ≈ 4.3m/s。

临界坡度为 $i = v^2 n^2 \div R^{4/3} = 4.3^2 \times 0.014^2 \div$ （0.4164×3）$^{4/3} \approx 0.0027 = 2.7$‰。

也可利用"标准门洞形断面水力要素计算表"（表 7-1）复核【例1】在正常水深时的流速和流量。

由表 7-1 查得，$h/H = 0.65$ 时，过水断面 $A = 2.564r^2$，水力半径 $R = 0.5834r$。由图 7-2 可知，顶弧半径 $r = 0.5B = 0.5 \times 6000$mm $= 3.0$m。

所以，流速为 $v = \dfrac{1}{n} R^{2/3} i^{1/2} = \dfrac{1}{0.014} \times$ （0.5834×3.0）$^{2/3} \times 0.00044^{1/2} = 2.17$m/s。

流量为 $Q = Av = 2.564r^2 v = 2.564 \times 3^2 \times 2.17 = 50.07$m³/s。

复核所得的流速和流量值和【例1】中的相应数据很接近，证明【例1】中的各水力数据是正确的。

本书各复杂断面水工隧洞的水力计算，当查图得出临界水深值后，还需要计算其临界流速和临界坡度以及需要复核各例题中的已知水力数据时，均可利用各复杂断面水工隧洞的"水力要素计算表"按照本例题的计算方法计算。

表7-1　标准门洞形断面水力要素计算表

h/H	A (r^2)	ρ (r)	R (r)	h/H	A (r^2)	ρ (r)	R (r)	h/H	A (r^2)	ρ (r)	R (r)	h/H	A (r^2)	ρ (r)	R (r)
0.01	0.0326	1.7014	0.0192	0.26	1.0132	2.8254	0.3586	0.51	2.0132	3.8254	0.5263	0.76	2.9642	4.8791	0.6075
0.02	0.0674	1.7868	0.0377	0.27	1.0532	2.8654	0.3675	0.52	2.0532	3.8654	0.5312	0.77	2.9981	4.9263	0.6086
0.03	0.1033	1.8537	0.0558	0.28	1.0932	2.9054	0.3763	0.53	2.0931	3.9055	0.5359	0.78	3.0315	4.9742	0.6095
0.04	0.1403	1.9115	0.0734	0.29	1.1332	2.9454	0.3847	0.54	2.133	3.9456	0.5406	0.79	3.0644	5.0229	0.6101
0.05	0.178	1.9636	0.0906	0.3	1.1732	2.9854	0.393	0.55	2.1728	3.9857	0.5452	0.8	3.0967	5.0724	0.6105
0.06	0.2162	2.012	0.1075	0.31	1.2132	3.0254	0.401	0.56	2.2126	4.026	0.5496	0.81	3.1284	5.1229	0.6107
0.07	0.255	2.0576	0.1239	0.32	1.2532	3.0654	0.4088	0.57	2.2523	4.0663	0.5539	0.82	3.1594	5.1744	0.6106
0.08	0.2942	2.1013	0.14	0.33	1.2932	3.1054	0.4164	0.58	2.2918	4.1068	0.5581	0.83	3.1898	5.227	0.6103
0.09	0.3336	2.1435	0.1557	0.34	1.3332	3.1454	0.4238	0.59	2.3312	4.1474	0.5621	0.84	3.2195	5.2809	0.6097
0.1	0.3733	2.1847	0.1709	0.35	1.3732	3.1854	0.4311	0.6	2.3705	4.1881	0.566	0.85	3.2485	5.3362	0.6088
0.11	0.4132	2.2253	0.1857	0.36	1.4132	3.2254	0.4381	0.61	2.4096	4.229	0.5698	0.86	3.2766	5.393	0.6076
0.12	0.4532	2.2654	0.2	0.37	1.4532	3.2654	0.445	0.62	2.4485	4.2701	0.5734	0.87	3.304	5.4515	0.6061
0.13	0.4932	2.3054	0.2139	0.38	1.4932	3.3054	0.4517	0.63	2.4873	4.3114	0.5769	0.88	3.3304	5.512	0.6042
0.14	0.5332	2.3454	0.2273	0.39	1.5332	3.3454	0.4583	0.64	2.5258	4.353	0.5802	0.89	3.3559	5.5747	0.602
0.15	0.5732	2.3854	0.2403	0.4	1.5732	3.3854	0.4647	0.65	2.564	4.3948	0.5834	0.9	3.3805	5.64	0.5994
0.16	0.6132	2.4254	0.2528	0.41	1.6132	3.4254	0.4709	0.66	2.6021	4.4369	0.5865	0.91	3.4039	5.7082	0.5963
0.17	0.6532	2.4654	0.2649	0.42	1.6532	3.4654	0.4771	0.67	2.6398	4.4792	0.5894	0.92	3.4262	5.78	0.5928
0.18	0.6932	2.5054	0.2767	0.43	1.6932	3.5054	0.483	0.68	2.6773	4.5219	0.5921	0.93	3.4473	5.8559	0.5887
0.19	0.7332	2.5454	0.288	0.44	1.7332	3.5454	0.4889	0.69	2.7145	4.565	0.5946	0.94	3.467	5.9371	0.584
0.2	0.7732	2.5854	0.2991	0.45	1.7732	3.5854	0.4946	0.7	2.7513	4.6084	0.597	0.95	3.4852	6.0249	0.5785
0.21	0.8132	2.6254	0.3097	0.46	1.8132	3.6254	0.5001	0.71	2.7878	4.6523	0.5992	0.96	3.5018	6.1216	0.572
0.22	0.8532	2.6654	0.3201	0.47	1.8532	3.6654	0.5056	0.72	2.8239	4.6966	0.6013	0.97	3.5165	6.2307	0.5644
0.23	0.8932	2.7054	0.3301	0.48	1.8932	3.7054	0.5109	0.73	2.8596	4.7414	0.6031	0.98	3.529	6.3594	0.5549
0.24	0.9332	2.7454	0.3399	0.49	1.9332	3.7454	0.5161	0.74	2.8949	4.7867	0.6048	0.99	3.5387	6.5263	0.5422
0.25	0.9732	2.7854	0.3494	0.5	1.9732	3.7854	0.5213	0.75	2.9298	4.8326	0.6063	1.00	3.544	6.927	0.5116

注：h/H——充满度；A——过水断面；ρ——湿周；R——水力半径；r——顶弧半径。

表7-2　标准门洞形断面在非满流时的水流断面面积、流量及流速修正值表

h/H	K_a	K_q	K_v	h/H	K_a	K_q	K_v	h/H	K_a	K_q	K_v	h/H	K_a	K_q	K_v
0.01	0.0092	0.0010	0.1120	0.26	0.2859	0.2256	0.7891	0.51	0.5681	0.5788	1.0190	0.76	0.8364	0.9379	1.1214
0.02	0.0190	0.0033	0.1758	0.27	0.2972	0.2384	0.8021	0.52	0.5793	0.5940	1.0253	0.77	0.8460	0.9498	1.1227
0.03	0.0292	0.0067	0.2281	0.28	0.3085	0.2513	0.8148	0.53	0.5906	0.6092	1.0314	0.78	0.8554	0.9612	1.1237
0.04	0.0396	0.0108	0.2740	0.29	0.3197	0.2644	0.8269	0.54	0.6019	0.6244	1.0374	0.79	0.8647	0.9723	1.1245
0.05	0.0502	0.0158	0.3154	0.30	0.3310	0.2776	0.8387	0.55	0.6131	0.6396	1.0432	0.80	0.8738	0.9830	1.1250
0.06	0.0610	0.0216	0.3534	0.31	0.3423	0.2910	0.8501	0.56	0.6243	0.6548	1.0489	0.81	0.8827	0.9933	1.1252
0.07	0.0720	0.0280	0.3886	0.32	0.3536	0.3045	0.8611	0.57	0.6355	0.6701	1.0543	0.82	0.8915	1.0030	1.1251
0.08	0.0830	0.0350	0.4215	0.33	0.3649	0.3181	0.8718	0.58	0.6467	0.6852	1.0596	0.83	0.9001	1.0123	1.1247
0.09	0.0941	0.0426	0.4523	0.34	0.3762	0.3318	0.8821	0.59	0.6578	0.7004	1.0647	0.84	0.9085	1.0211	1.1240
0.10	0.1053	0.0507	0.4814	0.35	0.3875	0.3457	0.8921	0.60	0.6689	0.7155	1.0697	0.85	0.9166	1.0293	1.1229
0.11	0.1166	0.0593	0.5088	0.36	0.3988	0.3596	0.9018	0.61	0.6799	0.7305	1.0744	0.86	0.9246	1.0368	1.1214
0.12	0.1279	0.0684	0.5347	0.37	0.4100	0.3736	0.9112	0.62	0.6909	0.7455	1.0790	0.87	0.9323	1.0437	1.1196
0.13	0.1392	0.0778	0.5592	0.38	0.4213	0.3878	0.9204	0.63	0.7018	0.7603	1.0833	0.88	0.9397	1.0500	1.1173
0.14	0.1504	0.0876	0.5823	0.39	0.4326	0.4020	0.9292	0.64	0.7127	0.7751	1.0875	0.89	0.9469	1.0554	1.1145
0.15	0.1617	0.0977	0.6042	0.40	0.4439	0.4163	0.9379	0.65	0.7235	0.7897	1.0915	0.90	0.9539	1.0600	1.1113
0.16	0.1730	0.1081	0.6250	0.41	0.4552	0.4307	0.9463	0.66	0.7342	0.8042	1.0953	0.91	0.9605	1.0638	1.1075
0.17	0.1843	0.1189	0.6449	0.42	0.4665	0.4452	0.9544	0.67	0.7449	0.8185	1.0989	0.92	0.9668	1.0665	1.1031
0.18	0.1956	0.1298	0.6638	0.43	0.4778	0.4598	0.9624	0.68	0.7555	0.8327	1.1023	0.93	0.9727	1.0681	1.0981
0.19	0.2069	0.1411	0.6818	0.44	0.4890	0.4744	0.9701	0.69	0.7659	0.8467	1.1054	0.94	0.9783	1.0685	1.0922
0.20	0.2182	0.1525	0.6991	0.45	0.5003	0.4891	0.9776	0.70	0.7763	0.8605	1.1084	0.95	0.9834	1.0673	1.0853
0.21	0.2295	0.1642	0.7156	0.46	0.5116	0.5039	0.9850	0.71	0.7866	0.8740	1.1111	0.96	0.9881	1.0645	1.0773
0.22	0.2407	0.1761	0.7315	0.47	0.5229	0.5188	0.9921	0.72	0.7968	0.8874	1.1136	0.97	0.9923	1.0594	1.0676
0.23	0.2520	0.1882	0.7467	0.48	0.5342	0.5337	0.9991	0.73	0.8069	0.9004	1.1159	0.98	0.9958	1.0512	1.0557
0.24	0.2633	0.2005	0.7614	0.49	0.5455	0.5487	1.0059	0.74	0.8169	0.9132	1.1180	0.99	0.9985	1.0379	1.0395
0.25	0.2746	0.2129	0.7755	0.50	0.5568	0.5637	1.0125	0.75	0.8267	0.9257	1.1198	1.00	1.0000	1.0000	1.0000

注：h/H——充满度；K_a——水流断面面积修正值；K_q——流量修正值；K_v——流速修正值。

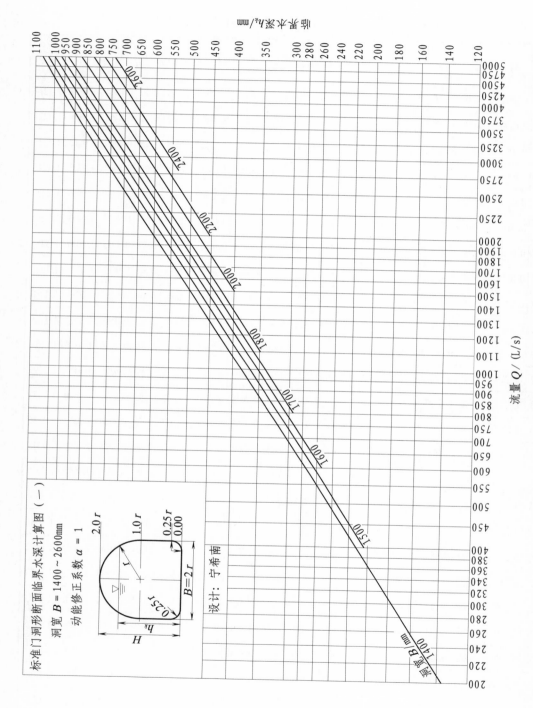

标准门洞形断面临界水深计算图（一）

洞宽 $B = 1400 \sim 2600\text{mm}$

动能修正系数 $\alpha = 1$

设计：宁希南

图7-2 标准门洞形断面临界水深计算图

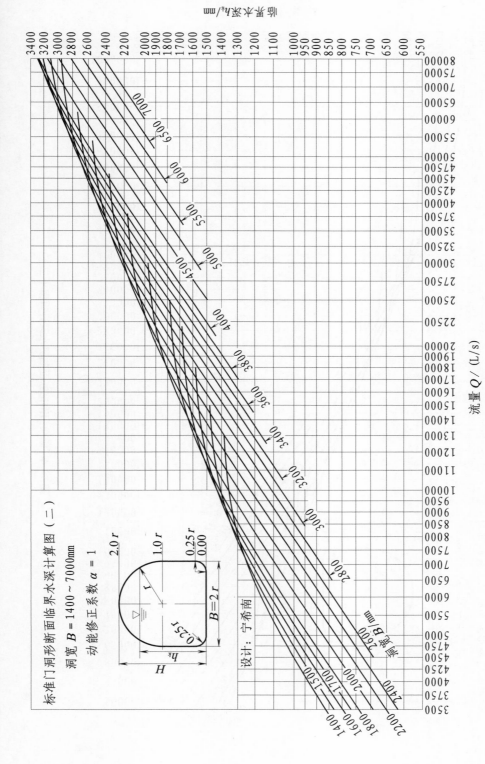

图7-3　标准门洞形断面临界水深计算图（二）

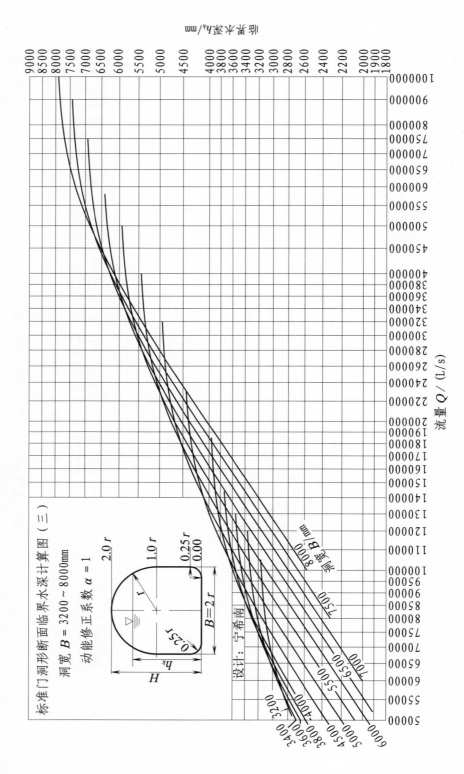

图7-4 标准门洞形断面临界水深计算图（三）

8 标准马蹄形断面（A型）临界水深计算

标准马蹄形断面（A型）是圆拱直墙形断面的一种改进形式，其特点是顶拱、侧墙及底板均为圆弧形，其中顶弧半径为 r，侧弧半径和底弧半径均为 $2r$。标准马蹄形断面（A型）多在岩石比较软弱破碎、山岩压力较大的情况时采用，在水利水电和给排水工程中被广泛采用。

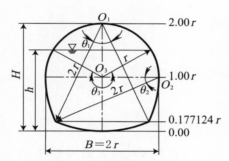

图8-1 标准马蹄形断面（A型）

8.1 计算公式

8.1.1 流速计算公式

流速计算公式参照3.1节内容。

8.1.2 过水断面 A、湿周 ρ、水深 h 和水面宽度 B_s 的计算公式

标准马蹄形断面（A型）形状及几何关系见图8-1，其中顶弧半径为 r，侧弧半径和底弧半径均为 $2r$。标准马蹄形断面（A型）过水断面 A、湿周 ρ、水深 h 和水面宽度 B_s 的计算公式经推导后如下：

（1）当水深 $h \leqslant 0.1771r$ 时（即 $h/H \leqslant 0.0886$ 时），

$$A = 2r^2 (\theta_1 - \sin\theta_1)$$

$$\rho = 2r\theta_1$$

$$h = 4r \sin^2 (0.25\theta_1)$$

$$B_s = 4r \sin (0.5\theta_1)$$

（2）当 $0.1771r < h \leqslant 1.00r$ 时（即 $0.0886 < h/H \leqslant 0.50$ 时），

$$A = 1.7465r^2 - [4\theta_2 + (2\cos\theta_2 - 1)(2\sin\theta_2 - \tan\theta_2) - \tan\theta_2] r^2$$

$$\rho = (3.3922 - 4\theta_2) r$$

$$h = r (1 - 2 \sin\theta_2)$$

$$B_s = 2r (2\cos\theta_2 - 1)$$

（3）当 $1.0r < h \leqslant 2.00r$ 时（即 $0.50 < h/H \leqslant 1.00$ 时），

$$A = 0.1757r^2 + 0.5 (\theta_3 - \sin\theta_3) r^2$$

$$\rho = (0.2506 + \theta_3) r$$

$$h = 2r \sin^2 (0.25\theta_3)$$

$$B_s = 2r \sin (0.5\theta_3)$$

式中：θ——管渠断面水深圆心角，以弧度计。

其余参数同前。

8.1.3　临界水深计算

标准马蹄形断面（A型）临界水深 h_k 可根据式 3-6 或式 3-9 使用计算机编程求解，其中过水断面面积 A 和水面宽度 B_s 等需按 8.1.2 节的计算公式分段计算。

计算得出临界水深后，就可计算出临界坡度和临界流速，详见第 3 章。

8.2　标准马蹄形断面（A型）临界水深计算图及其使用说明

根据上述计算公式，笔者用计算机制作了如下的水力计算图表：

（1）标准马蹄形断面（A型）水力要素计算见表 8-1，非满流时的水流断面面积、流量及流速修正值见表 8-2。

（2）宽度 $B = 1400 \sim 8000$mm 的标准马蹄形断面（A型）临界水深计算图（见图 8-2 至 8-4）。

【例】某长距离无压输水隧洞，为混凝土衬砌标准马蹄形断面（A型），隧洞宽度 $B = 7000$mm，粗糙系数 $n = 0.014$，设计流量 $Q = 120$m³/s，当隧洞纵坡 $i = 0.0011$ 时，其正常水深 $h = 4900$mm（其充满度 $h/H = 0.70$），流速 $v = 3.88$m/s，试判别水流的流态。

【解】该题如由上述公式计算求解，需多次反复试算，非常烦琐，如查图，则可直接得出结果。

为判别水流的流态，需首先计算其临界水深，由图 8 - 4 标准马蹄形断面（A 型）临界水深计算图（三）（$B = 2800 \sim 8000\text{mm}$）查得，当流量 $Q = 120\text{m}^3/\text{s} = 120000\ \text{L/s}$，隧洞宽度 $B = 7000\text{mm}$ 时，临界水深 $h_k \approx 3550\text{mm}$。

由于正常水深 $h = 4900\text{mm}$，大于临界水深 $h_k \approx 3550\text{mm}$，故水流的流态为缓流。

表 8 - 1　标准马蹄形断面（A 型）水力要素计算表

h/H	A (r^2)	ρ (r)	R (r)	h/H	A (r^2)	ρ (r)	R (r)	h/H	A (r^2)	ρ (r)	R (r)	h/H	A (r^2)	ρ (r)	R (r)
0.01	0.0075	0.5662	0.0133	0.26	0.8051	2.4228	0.3323	0.51	1.7865	3.4323	0.5205	0.76	2.7375	4.4860	0.6102
0.02	0.0213	0.8013	0.0265	0.27	0.8429	2.4639	0.3421	0.52	1.8265	3.4723	0.5260	0.77	2.7714	4.5331	0.6114
0.03	0.0390	0.9823	0.0397	0.28	0.8808	2.5050	0.3516	0.53	1.8664	3.5123	0.5314	0.78	2.8048	4.5810	0.6123
0.04	0.0600	1.1352	0.0528	0.29	0.9189	2.5459	0.3609	0.54	1.9063	3.5524	0.5366	0.79	2.8377	4.6297	0.6129
0.05	0.0837	1.2702	0.0659	0.30	0.9572	2.5868	0.3700	0.55	1.9462	3.5926	0.5417	0.80	2.8700	4.6793	0.6133
0.06	0.1098	1.3927	0.0789	0.31	0.9957	2.6276	0.3789	0.56	1.9859	3.6328	0.5467	0.81	2.9017	4.7297	0.6135
0.07	0.1382	1.5055	0.0918	0.32	1.0343	2.6683	0.3876	0.57	2.0256	3.6732	0.5515	0.82	2.9328	4.7812	0.6134
0.08	0.1686	1.6109	0.1047	0.33	1.0731	2.7089	0.3961	0.58	2.0651	3.7136	0.5561	0.83	2.9632	4.8339	0.6130
0.09	0.2009	1.7024	0.1180	0.34	1.1120	2.7495	0.4044	0.59	2.1045	3.7542	0.5606	0.84	2.9928	4.8878	0.6123
0.10	0.2340	1.7462	0.1340	0.35	1.1510	2.7900	0.4126	0.60	2.1438	3.7950	0.5649	0.85	3.0218	4.9430	0.6113
0.11	0.2675	1.7897	0.1495	0.36	1.1902	2.8304	0.4205	0.61	2.1829	3.8359	0.5691	0.86	3.0500	4.9999	0.6100
0.12	0.3013	1.8331	0.1644	0.37	1.2294	2.8708	0.4283	0.62	2.2218	3.8770	0.5731	0.87	3.0773	5.0584	0.6084
0.13	0.3355	1.8762	0.1788	0.38	1.2688	2.9111	0.4359	0.63	2.2606	3.9183	0.5769	0.88	3.1038	5.1189	0.6063
0.14	0.3700	1.9192	0.1928	0.39	1.3083	2.9514	0.4433	0.64	2.2991	3.9598	0.5806	0.89	3.1293	5.1816	0.6039
0.15	0.4048	1.9620	0.2063	0.40	1.3478	2.9916	0.4505	0.65	2.3374	4.0016	0.5841	0.90	3.1538	5.2468	0.6011
0.16	0.4399	2.0046	0.2194	0.41	1.3875	3.0318	0.4576	0.66	2.3754	4.0437	0.5874	0.91	3.1772	5.3151	0.5978
0.17	0.4752	2.0470	0.2322	0.42	1.4272	3.0719	0.4646	0.67	2.4132	4.0861	0.5906	0.92	3.1996	5.3868	0.5940
0.18	0.5109	2.0893	0.2445	0.43	1.4670	3.1120	0.4714	0.68	2.4506	4.1288	0.5935	0.93	3.2206	5.4628	0.5896
0.19	0.5468	2.1315	0.2565	0.44	1.5068	3.1521	0.4780	0.69	2.4878	4.1718	0.5963	0.94	3.2403	5.5440	0.5845
0.20	0.5830	2.1735	0.2682	0.45	1.5467	3.1922	0.4845	0.70	2.5246	4.2153	0.5989	0.95	3.2586	5.6318	0.5786
0.21	0.6194	2.2153	0.2796	0.46	1.5866	3.2322	0.4909	0.71	2.5611	4.2591	0.6013	0.96	3.2751	5.7284	0.5717
0.22	0.6561	2.2571	0.2907	0.47	1.6265	3.2722	0.4971	0.72	2.5972	4.3034	0.6035	0.97	3.2898	5.8375	0.5636
0.23	0.6930	2.2987	0.3015	0.48	1.6665	3.3122	0.5031	0.73	2.6329	4.3482	0.6055	0.98	3.3023	5.9663	0.5535
0.24	0.7302	2.3402	0.3120	0.49	1.7065	3.3522	0.5091	0.74	2.6682	4.3936	0.6073	0.99	3.3120	6.1332	0.5400
0.25	0.7675	2.3815	0.3223	0.50	1.7465	3.3922	0.5148	0.75	2.7031	4.4394	0.6089	1.00	3.3173	6.5338	0.5077

注：h/H——充满度；A——过水断面；ρ——湿周；R——水力半径；r——顶弧半径。

表 8-2　　标准马蹄形断面（A 型）在非满流时的水流断面面积、流量及流速修正值表

h/H	K_a	K_q	K_v	h/H	K_a	K_q	K_v	h/H	K_a	K_q	K_v	h/H	K_a	K_q	K_v
0.01	0.0023	0.0002	0.0882	0.26	0.2427	0.1830	0.7538	0.51	0.5385	0.5475	1.0167	0.76	0.8252	0.9329	1.1305
0.02	0.0064	0.0009	0.1398	0.27	0.2541	0.1953	0.7685	0.52	0.5506	0.5637	1.0239	0.77	0.8355	0.9456	1.1319
0.03	0.0118	0.0022	0.1829	0.28	0.2655	0.2078	0.7828	0.53	0.5626	0.5800	1.0309	0.78	0.8455	0.9579	1.1330
0.04	0.0181	0.0040	0.2212	0.29	0.2770	0.2207	0.7965	0.54	0.5747	0.5963	1.0376	0.79	0.8554	0.9699	1.1338
0.05	0.0252	0.0065	0.2563	0.30	0.2886	0.2337	0.8099	0.55	0.5867	0.6126	1.0442	0.80	0.8652	0.9813	1.1343
0.06	0.0331	0.0096	0.2890	0.31	0.3002	0.2470	0.8228	0.56	0.5987	0.6289	1.0505	0.81	0.8747	0.9924	1.1345
0.07	0.0417	0.0133	0.3198	0.32	0.3118	0.2605	0.8353	0.57	0.6106	0.6452	1.0566	0.82	0.8841	1.0029	1.1343
0.08	0.0508	0.0177	0.3490	0.33	0.3235	0.2742	0.8475	0.58	0.6225	0.6615	1.0626	0.83	0.8932	1.0128	1.1339
0.09	0.0605	0.0229	0.3780	0.34	0.3352	0.2880	0.8593	0.59	0.6344	0.6777	1.0683	0.84	0.9022	1.0222	1.1330
0.10	0.0705	0.0290	0.4115	0.35	0.3470	0.3021	0.8708	0.60	0.6463	0.6939	1.0738	0.85	0.9109	1.0310	1.1318
0.11	0.0806	0.0357	0.4425	0.36	0.3588	0.3164	0.8819	0.61	0.6580	0.7101	1.0790	0.86	0.9194	1.0391	1.1302
0.12	0.0908	0.0428	0.4715	0.37	0.3706	0.3309	0.8927	0.62	0.6698	0.7261	1.0841	0.87	0.9277	1.0465	1.1281
0.13	0.1011	0.0504	0.4987	0.38	0.3825	0.3455	0.9033	0.63	0.6815	0.7421	1.0889	0.88	0.9356	1.0532	1.1256
0.14	0.1115	0.0585	0.5244	0.39	0.3944	0.3603	0.9135	0.64	0.6931	0.7579	1.0936	0.89	0.9433	1.0590	1.1226
0.15	0.1220	0.0669	0.5486	0.40	0.4063	0.3752	0.9234	0.65	0.7046	0.7736	1.0979	0.90	0.9507	1.0640	1.1191
0.16	0.1326	0.0758	0.5716	0.41	0.4183	0.3903	0.9331	0.66	0.7161	0.7892	1.1021	0.91	0.9578	1.0679	1.1150
0.17	0.1433	0.0850	0.5935	0.42	0.4302	0.4055	0.9425	0.67	0.7274	0.8046	1.1060	0.92	0.9645	1.0709	1.1103
0.18	0.1540	0.0946	0.6144	0.43	0.4422	0.4209	0.9517	0.68	0.7387	0.8198	1.1097	0.93	0.9709	1.0726	1.1048
0.19	0.1648	0.1046	0.6344	0.44	0.4542	0.4363	0.9606	0.69	0.7499	0.8348	1.1132	0.94	0.9768	1.0729	1.0984
0.20	0.1757	0.1149	0.6535	0.45	0.4662	0.4519	0.9693	0.70	0.7610	0.8497	1.1164	0.95	0.9823	1.0717	1.0910
0.21	0.1867	0.1255	0.6719	0.46	0.4783	0.4676	0.9778	0.71	0.7720	0.8642	1.1194	0.96	0.9873	1.0686	1.0824
0.22	0.1978	0.1364	0.6895	0.47	0.4903	0.4834	0.9860	0.72	0.7829	0.8786	1.1221	0.97	0.9917	1.0632	1.0721
0.23	0.2089	0.1476	0.7065	0.48	0.5024	0.4993	0.9940	0.73	0.7937	0.8926	1.1246	0.98	0.9955	1.0545	1.0592
0.24	0.2201	0.1591	0.7228	0.49	0.5144	0.5153	1.0018	0.74	0.8043	0.9064	1.1268	0.99	0.9984	1.0403	1.0420
0.25	0.2314	0.1709	0.7386	0.50	0.5265	0.5314	1.0093	0.75	0.8149	0.9198	1.1288	1.00	1.0000	1.0000	1.0000

注：h/H——充满度；K_a——水流断面面积修正值；K_q——流量修正值；K_v——流速修正值。

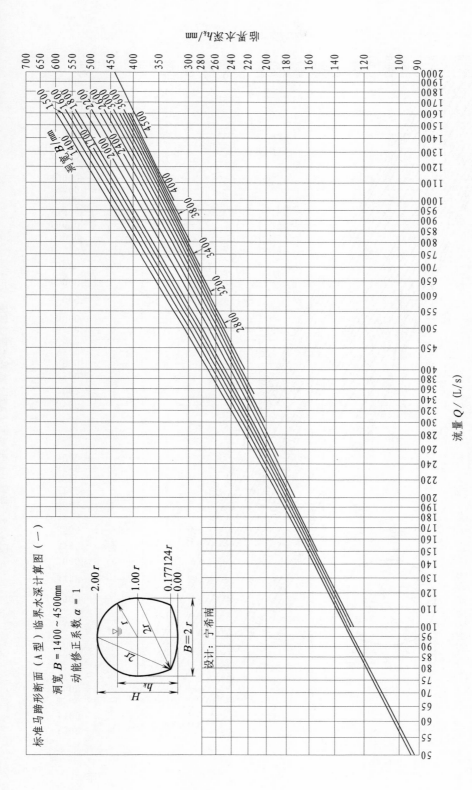

图8-2　标准马蹄形断面（A型）临界水深计算图（一）

93

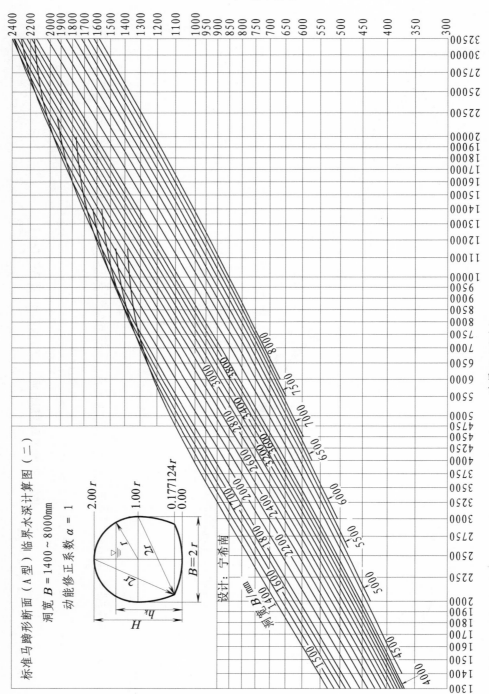

图8-3 标准马蹄形断面（A型）临界水深计算图（二）

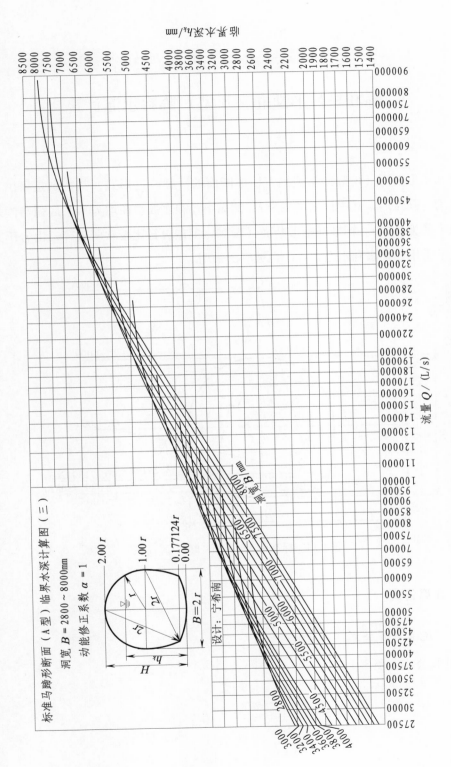

图8－4 标准马蹄形断面（A型）临界水深计算图（三）

9 标准马蹄形断面（B型）临界水深计算

标准马蹄形断面（B型）是圆拱直墙形断面的一种改进形式，其特点是顶拱、侧墙及底板均为圆弧形，其中顶弧半径为r，侧弧半径和底弧半径均为$3r$，底弧与侧弧相交处圆角半径为$0.25r$。标准马蹄形断面（B型）多在岩石比较软弱破碎，山岩压力较大的情况下采用，在水利水电工程中也被广泛采用。

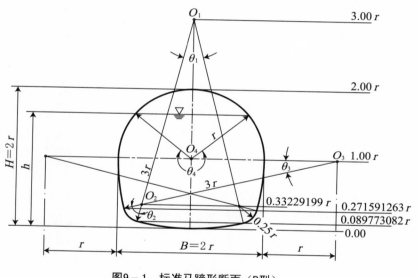

图9-1 标准马蹄形断面（B型）

9.1 计算公式

9.1.1 流速计算公式

流速计算公式参照3.1节内容。

9.1.2　过水断面 A、湿周 ρ、水深 h 和水面宽度 B_s 的计算公式

标准马蹄形断面（B型）形状及几何关系见图9-1，其中顶弧半径为 r，侧弧半径和底弧半径均为 $3r$，底弧与侧弧相交处圆角半径为 $0.25r$。标准马蹄形断面（B型）过水断面 A、湿周 ρ、水深 h 和水面宽度 B_s 的计算公式经推导后如下：

（1）当水深 $h \leqslant 0.089773082r$ 时（即 $h/H \leqslant 0.04488651$ 时），

$$A = 4.5r^2 \ (\theta_1 - \sin\theta_1)$$

$$\rho = 3r\theta_1$$

$$h = 6r \sin^2 \ (0.25\theta_1)$$

$$B_s = 6r \sin \ (0.5\theta_1)$$

（2）当 $0.089773082r < h \leqslant 0.271591263r$ 时（即 $0.044886541 < h/H \leqslant 0.135795631$ 时），

$$A = 0.087452961r^2 + r^2 \ (\theta_2 - \sin\theta_2) \ /16 + 0.5r^2 \ [2.792233488 + 0.5\sin \ (\theta_2 + 0.245254186)] \times [0.242518910 - 0.25\cos \ (\theta_2 + 0.245254186)]$$

$$\rho = \ (1.471525114 + 0.5\theta_2) \ r$$

$$h = 0.332291992r - 0.25r \cos \ (\theta_2 + 0.245254185)$$

$$B_s = 1.335416r + 0.5r \sin \ (\theta_2 + 0.245254)$$

（3）当 $0.271591263r < h \leqslant 1.00r$ 时（即 $0.135795631 < h/H \leqslant 0.50$ 时），

$$A = 1.811261308 \ r^2 - 2r^2 \ \{ 4.5\theta_3 - 2\tan\theta_3 + 0.5 \times \ [3 - 2/ \ (\cos\theta_3)]^2 \ \sin\theta_3 \cos\theta_3 \}$$

$$\rho = \ [3.483194206 - 6\theta_3] \ r$$

$$h = r - 3r \sin\theta_3$$

$$B_s = 6r \cos\theta_3 - 4r$$

（4）当 $1.00r < h \leqslant 2.00r$ 时（即 $0.50 < h/H \leqslant 1.00$ 时），

$$A = 1.811261308r^2 + 0.5r^2 \ (\theta_4 - \sin\theta_4 - \pi)$$

$$\rho = \ (0.341601553 + \theta_4) \ r$$

$$h = 2r \sin^2 \ (0.25\theta_4)$$

$$B_s = 2r \sin \ (0.5\theta_4)$$

式中：θ——管渠断面水深圆心角，以弧度计。

　　　其余参数同前。

9.1.3　临界水深计算

标准马蹄形断面（B型）临界水深 h_k 可根据式3－6或式3－9使用计算机编程求解，其中过水断面面积 A 和水面宽度 B_s 等需按9.1.2节的计算公式分段计算。

计算得出临界水深后，就可计算出临界坡度和临界流速，详见第3章。

9.2　标准马蹄形断面（B型）临界水深计算图及其使用说明

根据上述计算公式编程，笔者用计算机制作了如下的水力计算图表：

（1）标准马蹄形断面（B型）水力要素计算见表9－1，非满流时的水流断面面积、流量及流速修正值见表9－2。

（2）宽度 $B = 1400 \sim 8000$mm 的标准马蹄形断面（B型）临界水深计算图（见图9－2至9－4）。

【例】某长距离无压输水隧洞，为混凝土衬砌标准马蹄形断面（B型），隧洞宽度 $B = 6000$mm，粗糙系数 $n = 0.014$，设计流量 $Q = 60$m³/s，当隧洞纵坡 $i = 0.0005$ 时，其正常水深 $h = 4500$mm（其充满度 $h/H = 0.75$），流速 $v = 2.40$m/s，试判别水流的流态。

【解】该题如由上述公式计算求解，需多次反复试算，非常烦琐，如查图，则可直接得出结果。

为判别水流的流态，需首先计算其临界水深，由图9－4标准马蹄形断面（B型）临界水深计算图（三）（$B = 2200 \sim 8000$mm）查得，当流量 $Q = 60$m³/s $= 60000$ L/s，隧洞宽度 $B = 6000$mm 时，临界水深 $h_k \approx 2450$mm。

由于正常水深 $h = 4500$mm，大于临界水深 $h_k \approx 2450$mm，故水流的流态为缓流。

表9-1　标准马蹄形断面（B型）水力要素计算表

h/H	A (r^2)	ρ (r)	R (r)	h/H	A (r^2)	ρ (r)	R (r)	h/H	A (r^2)	ρ (r)	R (r)	h/H	A (r^2)	ρ (r)	R (r)
0.01	0.0092	0.6932	0.0133	0.26	0.8636	2.5191	0.3428	0.51	1.8513	3.5232	0.5254	0.76	2.8023	4.5769	0.6123
0.02	0.0261	0.9809	0.0266	0.27	0.9021	2.5596	0.3525	0.52	1.8912	3.5632	0.5308	0.77	2.8362	4.6241	0.6134
0.03	0.0479	1.2020	0.0398	0.28	0.9408	2.6000	0.3618	0.53	1.9312	3.6033	0.5360	0.78	2.8696	4.6720	0.6142
0.04	0.0736	1.3887	0.0530	0.29	0.9795	2.6404	0.3710	0.54	1.9711	3.6434	0.5410	0.79	2.9025	4.7207	0.6148
0.05	0.1027	1.5382	0.0668	0.30	1.0184	2.6808	0.3799	0.55	2.0109	3.6835	0.5459	0.80	2.9348	4.7702	0.6152
0.06	0.1340	1.6271	0.0823	0.31	1.0574	2.7211	0.3886	0.56	2.0507	3.7238	0.5507	0.81	2.9665	4.8207	0.6154
0.07	0.1665	1.6955	0.0982	0.32	1.0965	2.7615	0.3971	0.57	2.0903	3.7641	0.5553	0.82	2.9975	4.8722	0.6152
0.08	0.2001	1.7541	0.1141	0.33	1.1356	2.8017	0.4053	0.58	2.1299	3.8046	0.5598	0.83	3.0279	4.9248	0.6148
0.09	0.2344	1.8068	0.1297	0.34	1.1749	2.8420	0.4134	0.59	2.1693	3.8452	0.5642	0.84	3.0576	4.9787	0.6141
0.10	0.2693	1.8555	0.1451	0.35	1.2143	2.8822	0.4213	0.60	2.2086	3.8859	0.5684	0.85	3.0866	5.0340	0.6131
0.11	0.3047	1.9014	0.1603	0.36	1.2537	2.9224	0.4290	0.61	2.2477	3.9268	0.5724	0.86	3.1147	5.0908	0.6118
0.12	0.3406	1.9452	0.1751	0.37	1.2932	2.9625	0.4365	0.62	2.2866	3.9679	0.5763	0.87	3.1421	5.1493	0.6102
0.13	0.3767	1.9876	0.1895	0.38	1.3328	3.0027	0.4439	0.63	2.3253	4.0092	0.5800	0.88	3.1685	5.2098	0.6082
0.14	0.4131	2.0290	0.2036	0.39	1.3724	3.0428	0.4510	0.64	2.3639	4.0508	0.5836	0.89	3.1940	5.2725	0.6058
0.15	0.4497	2.0702	0.2172	0.40	1.4122	3.0829	0.4581	0.65	2.4021	4.0926	0.5869	0.90	3.2186	5.3378	0.6030
0.16	0.4865	2.1113	0.2304	0.41	1.4519	3.1230	0.4649	0.66	2.4402	4.1347	0.5902	0.91	3.2420	5.4060	0.5997
0.17	0.5234	2.1523	0.2432	0.42	1.4917	3.1630	0.4716	0.67	2.4779	4.1770	0.5932	0.92	3.2643	5.4778	0.5959
0.18	0.5606	2.1933	0.2556	0.43	1.5316	3.2031	0.4782	0.68	2.5154	4.2197	0.5961	0.93	3.2854	5.5537	0.5916
0.19	0.5979	2.2342	0.2676	0.44	1.5715	3.2431	0.4845	0.69	2.5526	4.2628	0.5988	0.94	3.3051	5.6349	0.5865
0.20	0.6354	2.2750	0.2793	0.45	1.6114	3.2832	0.4908	0.70	2.5894	4.3062	0.6013	0.95	3.3233	5.7227	0.5807
0.21	0.6731	2.3158	0.2906	0.46	1.6513	3.3232	0.4969	0.71	2.6259	4.3501	0.6036	0.96	3.3399	5.8194	0.5739
0.22	0.7109	2.3566	0.3017	0.47	1.6913	3.3632	0.5029	0.72	2.6620	4.3944	0.6058	0.97	3.3546	5.9285	0.5658
0.23	0.7488	2.3973	0.3124	0.48	1.7313	3.4032	0.5087	0.73	2.6977	4.4392	0.6077	0.98	3.3671	6.0572	0.5559
0.24	0.7870	2.4379	0.3228	0.49	1.7713	3.4432	0.5144	0.74	2.7330	4.4845	0.6094	0.99	3.3767	6.2241	0.5425
0.25	0.8252	2.4785	0.3329	0.50	1.8113	3.4832	0.5200	0.75	2.7679	4.5304	0.6110	1.00	3.3821	6.6247	0.5105

注：h/H——充满度；A——过水断面；ρ——湿周；R——水力半径；　r——顶弧半径。

表9-2　标准马蹄形断面（B型）在非满流时的水流断面面积、流量及流速修正值表

h/H	K_a	K_q	K_v	h/H	K_a	K_q	K_v	h/H	K_a	K_q	K_v	h/H	K_a	K_q	K_v
0.01	0.0027	0.0002	0.0879	0.26	0.2553	0.1958	0.7668	0.51	0.5474	0.5580	1.0194	0.76	0.8286	0.9353	1.1288
0.02	0.0077	0.0011	0.1394	0.27	0.2667	0.2084	0.7811	0.52	0.5592	0.5739	1.0263	0.77	0.8386	0.9477	1.1301
0.03	0.0141	0.0026	0.1825	0.28	0.2782	0.2211	0.7949	0.53	0.5710	0.5898	1.0329	0.78	0.8485	0.9598	1.1312
0.04	0.0218	0.0048	0.2209	0.29	0.2896	0.2341	0.8083	0.54	0.5828	0.6058	1.0394	0.79	0.8582	0.9715	1.1320
0.05	0.0304	0.0078	0.2576	0.30	0.3011	0.2473	0.8212	0.55	0.5946	0.6218	1.0457	0.80	0.8677	0.9827	1.1324
0.06	0.0396	0.0117	0.2963	0.31	0.3126	0.2606	0.8336	0.56	0.6063	0.6378	1.0518	0.81	0.8771	0.9934	1.1326
0.07	0.0492	0.0164	0.3333	0.32	0.3242	0.2742	0.8457	0.57	0.6181	0.6537	1.0577	0.82	0.8863	1.0037	1.1324
0.08	0.0592	0.0218	0.3682	0.33	0.3358	0.2879	0.8574	0.58	0.6298	0.6697	1.0634	0.83	0.8953	1.0134	1.1319
0.09	0.0693	0.0278	0.4012	0.34	0.3474	0.3018	0.8688	0.59	0.6414	0.6856	1.0689	0.84	0.9041	1.0226	1.1311
0.10	0.0796	0.0344	0.4324	0.35	0.3590	0.3159	0.8798	0.60	0.6530	0.7015	1.0742	0.85	0.9126	1.0312	1.1299
0.11	0.0901	0.0416	0.4619	0.36	0.3707	0.3301	0.8905	0.61	0.6646	0.7173	1.0792	0.86	0.9210	1.0391	1.1283
0.12	0.1007	0.0493	0.4899	0.37	0.3824	0.3445	0.9009	0.62	0.6761	0.7330	1.0841	0.87	0.9290	1.0463	1.1262
0.13	0.1114	0.0575	0.5165	0.38	0.3941	0.3590	0.9110	0.63	0.6876	0.7486	1.0888	0.88	0.9369	1.0528	1.1238
0.14	0.1221	0.0662	0.5418	0.39	0.4058	0.3736	0.9207	0.64	0.6989	0.7641	1.0932	0.89	0.9444	1.0585	1.1208
0.15	0.1330	0.0752	0.5657	0.40	0.4175	0.3884	0.9303	0.65	0.7103	0.7795	1.0975	0.90	0.9517	1.0633	1.1174
0.16	0.1438	0.0846	0.5884	0.41	0.4293	0.4033	0.9395	0.66	0.7215	0.7947	1.1015	0.91	0.9586	1.0672	1.1133
0.17	0.1548	0.0944	0.6100	0.42	0.4411	0.4184	0.9485	0.67	0.7327	0.8098	1.1053	0.92	0.9652	1.0700	1.1086
0.18	0.1658	0.1045	0.6305	0.43	0.4529	0.4335	0.9573	0.68	0.7437	0.8247	1.1089	0.93	0.9714	1.0717	1.1032
0.19	0.1768	0.1149	0.6501	0.44	0.4646	0.4487	0.9658	0.69	0.7547	0.8394	1.1122	0.94	0.9772	1.0720	1.0970
0.20	0.1879	0.1257	0.6689	0.45	0.4764	0.4641	0.9741	0.70	0.7656	0.8539	1.1153	0.95	0.9826	1.0708	1.0897
0.21	0.1990	0.1367	0.6869	0.46	0.4883	0.4795	0.9821	0.71	0.7764	0.8682	1.1182	0.96	0.9875	1.0677	1.0812
0.22	0.2102	0.1480	0.7042	0.47	0.5001	0.4951	0.9900	0.72	0.7871	0.8822	1.1208	0.97	0.9919	1.0623	1.0710
0.23	0.2214	0.1596	0.7207	0.48	0.5119	0.5107	0.9976	0.73	0.7977	0.8959	1.1232	0.98	0.9956	1.0537	1.0584
0.24	0.2327	0.1714	0.7367	0.49	0.5237	0.5264	1.0051	0.74	0.8081	0.9094	1.1253	0.99	0.9984	1.0397	1.0414
0.25	0.2440	0.1835	0.7520	0.50	0.5356	0.5422	1.0123	0.75	0.8184	0.9225	1.1272	1.00	1.0000	1.0000	1.0000

注：h/H——充满度；K_a——水流断面面积修正值；K_q——流量修正值；K_v——流速修正值。

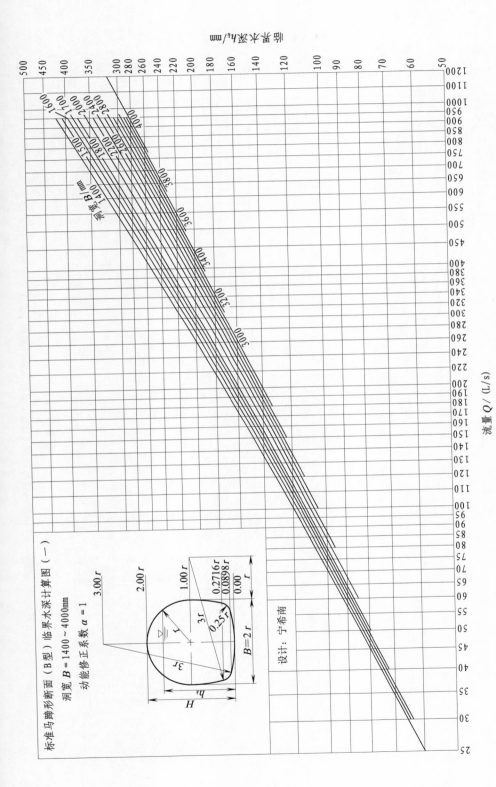

图9-2　标准马蹄形断面（B型）临界水深计算图（一）

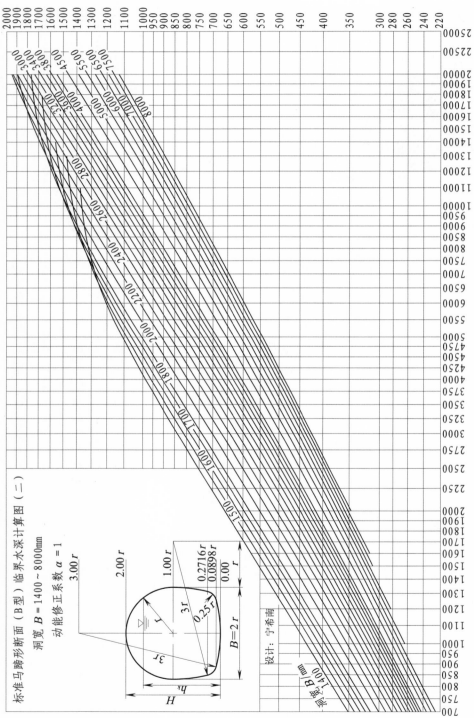

图9-3 标准马蹄形断面（B型）临界水深计算图（二）

102

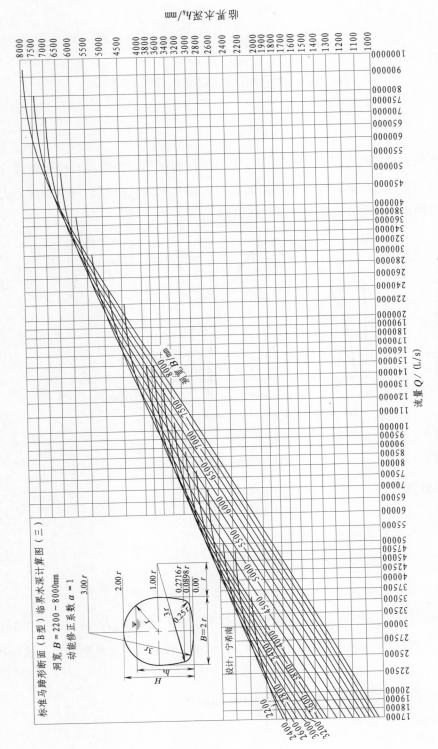

图9-4　标准马蹄形断面（B型）临界水深计算图（三）

10 高拱形断面临界水深计算

高拱形断面是一种良好的水流断面，由于这种断面的衬砌轴线与压力轴线比较接近，因此受力条件比门洞形及马蹄形断面要好，适合于地质条件差、山岩压力大的情况。高拱形断面在水利水电工程中被广泛采用。

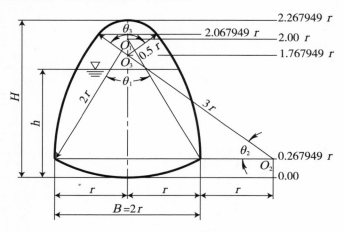

图10-1 高拱形断面

10.1 计算公式

10.1.1 流速计算公式

流速计算公式参照3.1节内容。

10.1.2 过水断面 A、湿周 ρ、水深 h 和水面宽度 B_s 的计算公式

高拱形断面形状及几何关系见图10-1，其中顶弧半径为 $0.5r$，底弧半径为 $2r$，侧弧半径为 $3r$。高拱形断面过水断面 A、湿周 ρ、水深 h 和水面宽度 B_s 的计算公式经推导后如下：

（1）当水深 $h \leqslant 0.267949r$ 时（即 $h/H \leqslant 0.118146$ 时），

$$A = 2r^2 \left(\theta_1 - \sin\theta_1 \right)$$

$$\rho = 2r\theta_1$$

$$h = 4r \sin^2 (0.25\theta_1)$$

$$B_s = 4r \sin (0.5\theta_1)$$

（2）当 $0.267949r < h \leqslant 2.067949r$ 时（即 $0.118146 < h/H \leqslant 0.9118146$ 时），

$$A = 0.362344294r^2 + [9\theta_2 + (3\cos\theta_2 - 2)(3\sin\theta_2 - 2\tan\theta_2) - 4\tan\theta_2] r^2$$

$$\rho = (2.094395102 + 6\theta_2) r$$

$$h = 0.267949r + 3r \sin\theta_2$$

$$B_s = 6r \cos\theta_2 - 4r$$

（3）当 $2.067949r < h \leqslant 2.267949r$ 时（即 $0.9118146 < h/H \leqslant 1.00$ 时），

$$A = 3.385678076r^2 - 0.125 (\theta_3 - \sin\theta_3) r^2$$

$$\rho = (6.882696974 - 0.5\theta_3) r$$

$$h = 2.267949r - r \sin^2 (0.25\theta_3)$$

$$B_s = r \sin (0.5\theta_3)$$

式中：θ——管渠断面水深圆心角，以弧度计。

其余参数同前。

10.1.3　临界水深计算

高拱形断面临界水深 h_k 可根据式 3-6 或式 3-9 使用计算机编程求解，其中过水断面面积 A 和水面宽度 B_s 等需按 10.1.2 节的计算公式分段计算。

计算得出临界水深后，就可计算出临界坡度和临界流速，详见第 3 章。

10.2　高拱形断面临界水深计算图及其使用说明

根据上述计算公式编程，笔者用计算机制作了如下水力计算图表：

（1）高拱形断面水力要素计算见表 10-1，非满流时的水流断面面积、流量及流速修正值见表 10-2。

（2）宽度 $B = 1400 \sim 8000$mm 的高拱形断面临界水深计算图（见图 10-2 至 10-4）。

【例】某长距离无压输水隧洞，为混凝土衬砌高拱形断面，隧洞宽度 $B = 6000$mm，粗糙系数 $n = 0.014$，设计流量 $Q = 75$m³/s，当隧洞纵坡 $i = 0.0009$ 时，其正常水深 $h = 4763$mm（其充满度 $h/H = 0.70$），流速 $v = 3.05$m/s，试判别水流的流态。

【解】 该题如由上述公式计算求解，需多次反复试算，非常烦琐，如查图，则可直接得出结果。

为判别水流的流态，需首先计算其临界水深，由图 10 - 4 高拱形断面临界水深计算图（三）（$B = 3000 \sim 8000 \text{mm}$）查得，当流量 $Q = 75 \text{m}^3/\text{s} = 75000 \text{ L/s}$，隧洞宽度 $B = 6000 \text{mm}$ 时，临界水深 $h_k \approx 2750 \text{mm}$。

由于正常水深 $h = 4763 \text{mm}$，大于临界水深 $h_k \approx 2750 \text{mm}$，故水流的流态为缓流。

表 10 - 1　高拱形断面水力要素计算表

h/H	A (r^2)	ρ (r)	R (r)	h/H	A (r^2)	ρ (r)	R (r)	h/H	A (r^2)	ρ (r)	R (r)	h/H	A (r^2)	ρ (r)	R (r)
0.01	0.0091	0.6030	0.0151	0.26	1.0021	2.7391	0.3658	0.51	2.0607	3.8989	0.5285	0.76	2.9177	5.1342	0.5683
0.02	0.0257	0.8535	0.0301	0.27	1.0466	2.7847	0.3758	0.52	2.0998	3.9464	0.5321	0.77	2.9457	5.1862	0.5680
0.03	0.0471	1.0463	0.0450	0.28	1.0910	2.8304	0.3855	0.53	2.1386	3.9941	0.5354	0.78	2.9731	5.2384	0.5676
0.04	0.0724	1.2094	0.0598	0.29	1.1353	2.8761	0.3947	0.54	2.1770	4.0419	0.5386	0.79	2.9999	5.2909	0.5670
0.05	0.1010	1.3534	0.0746	0.30	1.1794	2.9219	0.4036	0.55	2.2151	4.0898	0.5416	0.80	3.0261	5.3437	0.5663
0.06	0.1325	1.4840	0.0893	0.31	1.2234	2.9677	0.4122	0.56	2.2528	4.1379	0.5444	0.81	3.0517	5.3968	0.5655
0.07	0.1667	1.6045	0.1039	0.32	1.2672	3.0136	0.4205	0.57	2.2901	4.1861	0.5471	0.82	3.0766	5.4502	0.5645
0.08	0.2033	1.7170	0.1184	0.33	1.3109	3.0595	0.4285	0.58	2.3271	4.2344	0.5496	0.83	3.1009	5.5038	0.5634
0.09	0.2421	1.8229	0.1328	0.34	1.3544	3.1055	0.4361	0.59	2.3637	4.2829	0.5519	0.84	3.1246	5.5578	0.5622
0.10	0.2831	1.9234	0.1472	0.35	1.3978	3.1515	0.4435	0.60	2.3999	4.3315	0.5541	0.85	3.1475	5.6121	0.5608
0.11	0.3260	2.0193	0.1614	0.36	1.4409	3.1976	0.4506	0.61	2.4357	4.3803	0.5561	0.86	3.1698	5.6667	0.5594
0.12	0.3708	2.1028	0.1763	0.37	1.4839	3.2438	0.4575	0.62	2.4711	4.4292	0.5579	0.87	3.1914	5.7217	0.5578
0.13	0.4161	2.1482	0.1937	0.38	1.5267	3.2900	0.4640	0.63	2.5061	4.4783	0.5596	0.88	3.2123	5.7770	0.5561
0.14	0.4615	2.1935	0.2104	0.39	1.5692	3.3363	0.4703	0.64	2.5407	4.5276	0.5611	0.89	3.2325	5.8326	0.5542
0.15	0.5068	2.2389	0.2264	0.40	1.6116	3.3827	0.4764	0.65	2.5748	4.5771	0.5625	0.90	3.2519	5.8887	0.5522
0.16	0.5521	2.2843	0.2417	0.41	1.6537	3.4292	0.4822	0.66	2.6084	4.6267	0.5638	0.91	3.2705	5.9451	0.5501
0.17	0.5974	2.3297	0.2564	0.42	1.6956	3.4757	0.4878	0.67	2.6416	4.6765	0.5649	0.92	3.2884	6.0027	0.5478
0.18	0.6426	2.3751	0.2706	0.43	1.7372	3.5224	0.4932	0.68	2.6743	4.7265	0.5658	0.93	3.3055	6.0631	0.5452
0.19	0.6878	2.4205	0.2842	0.44	1.7786	3.5691	0.4983	0.69	2.7065	4.7767	0.5666	0.94	3.3216	6.1271	0.5421
0.20	0.7329	2.4659	0.2972	0.45	1.8198	3.6159	0.5033	0.70	2.7383	4.8271	0.5673	0.95	3.3365	6.1958	0.5385
0.21	0.7780	2.5114	0.3098	0.46	1.8606	3.6628	0.5080	0.71	2.7695	4.8777	0.5678	0.96	3.3503	6.2708	0.5343
0.22	0.8230	2.5569	0.3219	0.47	1.9012	3.7098	0.5125	0.72	2.8002	4.9286	0.5682	0.97	3.3625	6.3549	0.5291
0.23	0.8679	2.6024	0.3335	0.48	1.9416	3.7569	0.5168	0.73	2.8304	4.9796	0.5684	0.98	3.3730	6.4535	0.5227
0.24	0.9127	2.6479	0.3447	0.49	1.9816	3.8041	0.5209	0.74	2.8601	5.0309	0.5685	0.99	3.3812	6.5804	0.5138
0.25	0.9574	2.6935	0.3555	0.50	2.0213	3.8515	0.5248	0.75	2.8892	5.0824	0.5685	1.00	3.3857	6.8827	0.4919

注：h/H——充满度；A——过水断面；ρ——湿周；R——水力半径；r——2 倍顶弧半径。

表 10 – 2　　高拱形断面在非满流时的水流断面面积、流量及流速修正值表

h/H	K_a	K_q	K_v	h/H	K_a	K_q	K_v	h/H	K_a	K_q	K_v	h/H	K_a	K_q	K_v
0.01	0.0027	0.0003	0.0979	0.26	0.2960	0.2430	0.8209	0.51	0.6087	0.6385	1.0490	0.76	0.8618	0.9488	1.1010
0.02	0.0076	0.0012	0.1552	0.27	0.3091	0.2583	0.8357	0.52	0.6202	0.6535	1.0537	0.77	0.8700	0.9576	1.1006
0.03	0.0139	0.0028	0.2030	0.28	0.3222	0.2739	0.8499	0.53	0.6316	0.6684	1.0581	0.78	0.8781	0.9660	1.1001
0.04	0.0214	0.0052	0.2455	0.29	0.3353	0.2895	0.8635	0.54	0.6430	0.6831	1.0623	0.79	0.8861	0.9741	1.0993
0.05	0.0298	0.0085	0.2844	0.30	0.3483	0.3053	0.8765	0.55	0.6542	0.6976	1.0663	0.80	0.8938	0.9818	1.0984
0.06	0.0391	0.0125	0.3205	0.31	0.3613	0.3212	0.8889	0.56	0.6654	0.7119	1.0700	0.81	0.9013	0.9891	1.0973
0.07	0.0492	0.0175	0.3546	0.32	0.3743	0.3371	0.9007	0.57	0.6764	0.7261	1.0734	0.82	0.9087	0.9960	1.0961
0.08	0.0600	0.0232	0.3869	0.33	0.3872	0.3531	0.9121	0.58	0.6873	0.7401	1.0767	0.83	0.9159	1.0026	1.0947
0.09	0.0715	0.0299	0.4177	0.34	0.4000	0.3692	0.9229	0.59	0.6982	0.7538	1.0797	0.84	0.9229	1.0088	1.0931
0.10	0.0836	0.0374	0.4473	0.35	0.4129	0.3853	0.9333	0.60	0.7089	0.7674	1.0826	0.85	0.9297	1.0146	1.0914
0.11	0.0963	0.0458	0.4758	0.36	0.4256	0.4014	0.9432	0.61	0.7194	0.7807	1.0852	0.86	0.9362	1.0200	1.0895
0.12	0.1095	0.0553	0.5046	0.37	0.4383	0.4176	0.9527	0.62	0.7299	0.7938	1.0876	0.87	0.9426	1.0250	1.0874
0.13	0.1229	0.0660	0.5372	0.38	0.4509	0.4337	0.9618	0.63	0.7402	0.8067	1.0898	0.88	0.9488	1.0296	1.0851
0.14	0.1363	0.0774	0.5676	0.39	0.4635	0.4498	0.9706	0.64	0.7504	0.8193	1.0918	0.89	0.9547	1.0337	1.0827
0.15	0.1497	0.0892	0.5960	0.40	0.4760	0.4659	0.9789	0.65	0.7605	0.8316	1.0936	0.90	0.9605	1.0375	1.0802
0.16	0.1631	0.1015	0.6227	0.41	0.4884	0.4820	0.9869	0.66	0.7704	0.8437	1.0952	0.91	0.9660	1.0408	1.0774
0.17	0.1764	0.1143	0.6477	0.42	0.5008	0.4980	0.9945	0.67	0.7802	0.8556	1.0966	0.92	0.9713	1.0436	1.0744
0.18	0.1898	0.1274	0.6713	0.43	0.5131	0.5140	1.0017	0.68	0.7899	0.8671	1.0978	0.93	0.9763	1.0456	1.0710
0.19	0.2031	0.1409	0.6936	0.44	0.5253	0.5299	1.0087	0.69	0.7994	0.8784	1.0988	0.94	0.9811	1.0467	1.0669
0.20	0.2165	0.1547	0.7147	0.45	0.5375	0.5457	1.0153	0.70	0.8088	0.8894	1.0997	0.95	0.9855	1.0468	1.0622
0.21	0.2298	0.1688	0.7347	0.46	0.5496	0.5615	1.0217	0.71	0.8180	0.9001	1.1003	0.96	0.9895	1.0455	1.0566
0.22	0.2431	0.1832	0.7537	0.47	0.5616	0.5771	1.0277	0.72	0.8271	0.9105	1.1008	0.97	0.9932	1.0426	1.0498
0.23	0.2563	0.1978	0.7717	0.48	0.5735	0.5926	1.0334	0.73	0.8360	0.9206	1.1011	0.98	0.9962	1.0373	1.0413
0.24	0.2696	0.2127	0.7889	0.49	0.5853	0.6081	1.0389	0.74	0.8448	0.9303	1.1013	0.99	0.9987	1.0281	1.0295
0.25	0.2828	0.2277	0.8053	0.50	0.5970	0.6233	1.0441	0.75	0.8534	0.9397	1.1012	1.00	1.0000	1.0000	1.0000

注：h/H——充满度；K_a——水流断面面积修正值；K_q——流量修正值；K_v——流速修正值。

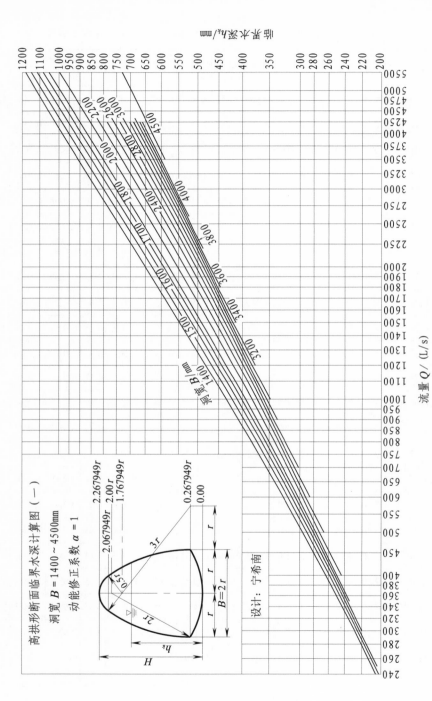

图10-2 高拱形断面临界水深计算图（一）

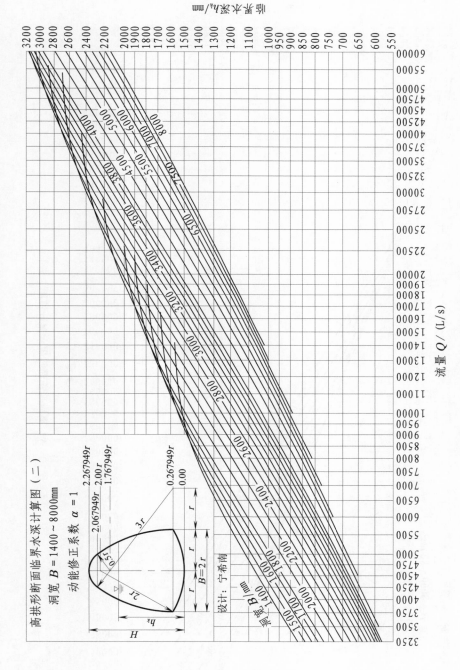

图10－3　高拱形断面临界水深计算图（二）

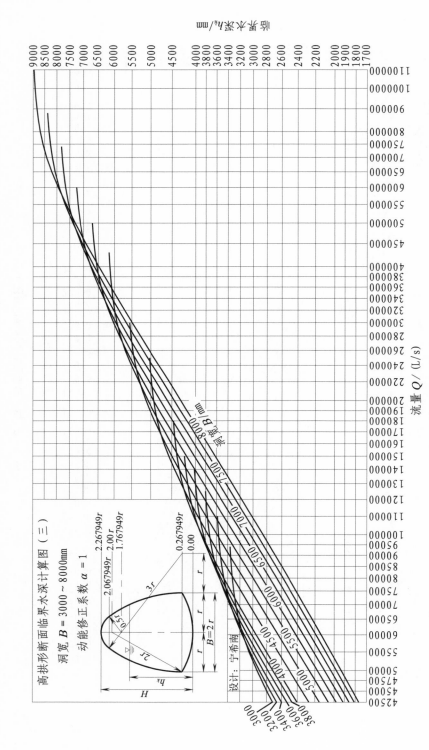

图10-4 高拱形断面临界水深计算图（三）

11 倒蛋形断面临界水深计算

倒蛋形断面水力条件优良，结构受力条件好。倒蛋形断面和高拱形断面的不同之处是底弧半径不同，其底弧和侧弧的连接比高拱形平顺。

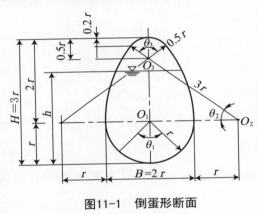

图11-1 倒蛋形断面

11.1 计算公式

11.1.1 流速计算公式

流速计算公式参照3.1节内容。

11.1.2 过水断面A、湿周ρ、水深h和水面宽度B_s的计算公式

倒蛋形断面形状及几何关系见图11-1，其中顶弧半径为$0.5r$，底弧半径为r，侧弧半径为$3r$。倒蛋形断面过水断面A、湿周ρ、水深h和水面宽度B_s的计算公式经推导后如下：

（1）当水深$h \leqslant r$时（即$h/H \leqslant 0.333333$时），

$$A = 0.5r^2 \left(\theta_1 - \sin\theta_1 \right)$$

$$\rho = r\theta_1$$

$$h = 2r \sin^2 \left(0.25\theta_1 \right)$$

$$B_s = 2r \sin \ (0.5\theta_1)$$

（2）当 $r < h \leqslant 2.8r$ 时（即 $0.333333 < h/H \leqslant 0.933333$ 时），

$$A = \left[0.5\pi + 9\theta_2 + (3\cos\theta_2 - 2)(3\sin\theta_2 - 2\tan\theta_2) - 4\tan\theta_2 \right] r^2$$

$$\rho = (\pi + 6\theta_2) \ r$$

$$h = r + 3r \ \sin\theta_2$$

$$B_s = 6r\cos\theta_2 - 4r$$

（3）当 $2.8r < h \leqslant 3.0r$ 时（即 $0.933333 < h/H \leqslant 1.00$ 时），

$$A = 4.59413011r^2 - 0.125r^2 \ (\theta_3 - \sin\theta_3)$$

$$\rho = (7.92989452 - 0.5\theta_3) \ r$$

$$h = 3r - r \ \sin^2 \ (0.25\theta_3)$$

$$B_s = r \sin \ (0.5\theta_3)$$

式中：θ——管渠断面水深圆心角，以弧度计。

其余参数同前。

11.1.3　临界水深计算

倒蛋形断面临界水深 h_k 可根据式 3 - 6 或式 3 - 9 使用计算机编程求解，其中过水断面面积 A 和水面宽度 B_s 等需按 11.1.2 节的计算公式分段计算。

计算得出临界水深后，就可计算出临界坡度和临界流速，详见第 3 章。

11.2　倒蛋形断面临界水深计算图及其使用说明

根据上述计算公式编程，笔者用计算机制作了如下的水力计算图表：

（1）倒蛋形断面水力要素计算见表 11 - 1，非满流时的水流断面面积、流量及流速修正值见表 11 - 2。

（2）宽度 $B = 1400 \sim 8000$mm 的倒蛋形断面临界水深计算图（见图11 - 2 至 11 - 4）。

【例】某长距离无压输水隧洞，为混凝土衬砌倒蛋形断面，隧洞宽度 $B = 6500$mm，粗糙系数 $n = 0.014$，设计流量 $Q = 110$m³/s，当隧洞纵坡 $i = 0.0005$ 时，其正常水深 $h = 7312.5$mm（其充满度 $h/H = 0.75$），流速 $v = 2.70$m/s，试判别水流的流态。

【解】该题如由上述公式计算求解，需多次反复试算，非常烦琐，如查图，则可直接得出结果。

为判别水流的流态，需首先计算其临界水深，由图 11 - 4 倒蛋形断面临界水深计算图（三）（$B = 2600 \sim 8000\text{mm}$）查得，当流量 $Q = 110\text{m}^3/\text{s} = 110000\text{ L/s}$，隧洞宽度 $B = 6500\text{mm}$ 时，临界水深 $h_k \approx 3770\text{mm}$。

由于正常水深 $h = 7312.5\text{mm}$，大于临界水深 $h_k \approx 3770\text{mm}$，故水流的流态为缓流。

表 11 - 1　倒蛋形断面水力要素计算表

h/H	A (r^2)	ρ (r)	R (r)	h/H	A (r^2)	ρ (r)	R (r)	h/H	A (r^2)	ρ (r)	R (r)	h/H	A (r^2)	ρ (r)	R (r)
0.01	0.0098	0.4911	0.0199	0.26	1.1344	2.6980	0.4205	0.51	2.6142	4.2072	0.6214	0.76	3.8910	5.7864	0.6724
0.02	0.0275	0.6963	0.0394	0.27	1.1931	2.7593	0.4324	0.52	2.6712	4.2682	0.6258	0.77	3.9333	5.8529	0.6720
0.03	0.0502	0.8550	0.0587	0.28	1.2522	2.8202	0.4440	0.53	2.7278	4.3293	0.6301	0.78	3.9748	5.9198	0.6714
0.04	0.0770	0.9899	0.0777	0.29	1.3115	2.8809	0.4553	0.54	2.7841	4.3906	0.6341	0.79	4.0154	5.9871	0.6707
0.05	0.1070	1.1096	0.0965	0.30	1.3711	2.9413	0.4662	0.55	2.8401	4.4520	0.6379	0.80	4.0551	6.0547	0.6697
0.06	0.1400	1.2188	0.1149	0.31	1.4309	3.0015	0.4767	0.56	2.8956	4.5135	0.6415	0.81	4.0938	6.1227	0.6686
0.07	0.1756	1.3200	0.1331	0.32	1.4908	3.0616	0.4869	0.57	2.9507	4.5752	0.6449	0.82	4.1315	6.1912	0.6673
0.08	0.2135	1.4150	0.1509	0.33	1.5508	3.1216	0.4968	0.58	3.0054	4.6370	0.6481	0.83	4.1683	6.2601	0.6658
0.09	0.2536	1.5049	0.1685	0.34	1.6108	3.1816	0.5063	0.59	3.0596	4.6990	0.6511	0.84	4.2040	6.3295	0.6642
0.10	0.2955	1.5908	0.1858	0.35	1.6708	3.2416	0.5154	0.60	3.1133	4.7612	0.6539	0.85	4.2386	6.3993	0.6624
0.11	0.3392	1.6732	0.2027	0.36	1.7307	3.3016	0.5242	0.61	3.1665	4.8235	0.6565	0.86	4.2722	6.4696	0.6603
0.12	0.3845	1.7526	0.2194	0.37	1.7906	3.3616	0.5327	0.62	3.2192	4.8861	0.6589	0.87	4.3047	6.5405	0.6582
0.13	0.4314	1.8295	0.2358	0.38	1.8505	3.4217	0.5408	0.63	3.2714	4.9488	0.6610	0.88	4.3360	6.6119	0.6558
0.14	0.4796	1.9041	0.2519	0.39	1.9103	3.4818	0.5486	0.64	3.3230	5.0117	0.6630	0.89	4.3661	6.6838	0.6532
0.15	0.5291	1.9769	0.2676	0.40	1.9699	3.5419	0.5562	0.65	3.3740	5.0749	0.6649	0.90	4.3950	6.7563	0.6505
0.16	0.5798	2.0479	0.2831	0.41	2.0294	3.6020	0.5634	0.66	3.4245	5.1382	0.6665	0.91	4.4227	6.8294	0.6476
0.17	0.6316	2.1174	0.2983	0.42	2.0888	3.6622	0.5704	0.67	3.4743	5.2018	0.6679	0.92	4.4491	6.9032	0.6445
0.18	0.6844	2.1856	0.3131	0.43	2.1481	3.7225	0.5771	0.68	3.5235	5.2657	0.6691	0.93	4.4742	6.9776	0.6412
0.19	0.7381	2.2526	0.3277	0.44	2.2071	3.7828	0.5835	0.69	3.5720	5.3298	0.6702	0.94	4.4980	7.0536	0.6377
0.20	0.7927	2.3186	0.3419	0.45	2.2660	3.8432	0.5896	0.70	3.6198	5.3941	0.6711	0.95	4.5203	7.1345	0.6336
0.21	0.8480	2.3836	0.3558	0.46	2.3247	3.9036	0.5955	0.71	3.6669	5.4588	0.6717	0.96	4.5407	7.2224	0.6287
0.22	0.9041	2.4478	0.3694	0.47	2.3831	3.9642	0.6012	0.72	3.7132	5.5237	0.6722	0.97	4.5591	7.3205	0.6228
0.23	0.9609	2.5112	0.3826	0.48	2.4413	4.0248	0.6066	0.73	3.7589	5.5889	0.6726	0.98	4.5749	7.4350	0.6153
0.24	1.0182	2.5740	0.3956	0.49	2.4992	4.0855	0.6117	0.74	3.8037	5.6544	0.6727	0.99	4.5873	7.5817	0.6050
0.25	1.0761	2.6362	0.4082	0.50	2.5568	4.1463	0.6167	0.75	3.8477	5.7202	0.6727	1.00	4.5941	7.9299	0.5793

注：h/H——充满度；A——过水断面；ρ——湿周；R——水力半径；r——2倍顶弧半径。

表 11-2 倒蛋形断面在非满流时的水流断面面积、流量及流速修正值表

h/H	K_a	K_q	K_v	h/H	K_a	K_q	K_v	h/H	K_a	K_q	K_v	h/H	K_a	K_q	K_v
0.01	0.0021	0.0002	0.1055	0.26	0.2469	0.1994	0.8076	0.51	0.5690	0.5962	1.0478	0.76	0.8469	0.9354	1.1044
0.02	0.0060	0.0010	0.1667	0.27	0.2597	0.2137	0.8228	0.52	0.5814	0.6121	1.0528	0.77	0.8562	0.9452	1.1040
0.03	0.0109	0.0024	0.2174	0.28	0.2726	0.2283	0.8375	0.53	0.5938	0.6279	1.0576	0.78	0.8652	0.9546	1.1034
0.04	0.0168	0.0044	0.2621	0.29	0.2855	0.2431	0.8516	0.54	0.6060	0.6436	1.0621	0.79	0.8740	0.9636	1.1025
0.05	0.0233	0.0071	0.3027	0.30	0.2985	0.2582	0.8651	0.55	0.6182	0.6592	1.0663	0.80	0.8827	0.9722	1.1015
0.06	0.0305	0.0104	0.3401	0.31	0.3115	0.2735	0.8781	0.56	0.6303	0.6746	1.0703	0.81	0.8911	0.9804	1.1003
0.07	0.0382	0.0143	0.3750	0.32	0.3245	0.2890	0.8906	0.57	0.6423	0.6899	1.0741	0.82	0.8993	0.9882	1.0988
0.08	0.0465	0.0190	0.4079	0.33	0.3376	0.3047	0.9026	0.58	0.6542	0.7050	1.0777	0.83	0.9073	0.9955	1.0972
0.09	0.0552	0.0242	0.4389	0.34	0.3506	0.3205	0.9141	0.59	0.6660	0.7199	1.0810	0.84	0.9151	1.0024	1.0954
0.10	0.0643	0.0301	0.4685	0.35	0.3637	0.3364	0.9250	0.60	0.6777	0.7346	1.0840	0.85	0.9226	1.0088	1.0934
0.11	0.0738	0.0367	0.4966	0.36	0.3767	0.3524	0.9355	0.61	0.6893	0.7491	1.0869	0.86	0.9299	1.0147	1.0912
0.12	0.0837	0.0438	0.5235	0.37	0.3898	0.3685	0.9455	0.62	0.7007	0.7635	1.0895	0.87	0.9370	1.0202	1.0888
0.13	0.0939	0.0516	0.5492	0.38	0.4028	0.3847	0.9552	0.63	0.7121	0.7776	1.0919	0.88	0.9438	1.0251	1.0861
0.14	0.1044	0.0599	0.5739	0.39	0.4158	0.4010	0.9644	0.64	0.7233	0.7914	1.0941	0.89	0.9504	1.0295	1.0833
0.15	0.1152	0.0688	0.5976	0.40	0.4288	0.4173	0.9732	0.65	0.7344	0.8050	1.0961	0.90	0.9567	1.0335	1.0803
0.16	0.1262	0.0783	0.6204	0.41	0.4417	0.4336	0.9816	0.66	0.7454	0.8184	1.0979	0.91	0.9627	1.0369	1.0771
0.17	0.1375	0.0883	0.6424	0.42	0.4547	0.4500	0.9896	0.67	0.7562	0.8315	1.0995	0.92	0.9684	1.0397	1.0736
0.18	0.1490	0.0988	0.6635	0.43	0.4676	0.4663	0.9974	0.68	0.7669	0.8443	1.1008	0.93	0.9739	1.0421	1.0700
0.19	0.1607	0.1099	0.6839	0.44	0.4804	0.4827	1.0047	0.69	0.7775	0.8568	1.1020	0.94	0.9791	1.0438	1.0661
0.20	0.1725	0.1214	0.7035	0.45	0.4932	0.4991	1.0118	0.70	0.7879	0.8690	1.1029	0.95	0.9839	1.0444	1.0615
0.21	0.1846	0.1334	0.7225	0.46	0.5060	0.5154	1.0185	0.71	0.7982	0.8809	1.1037	0.96	0.9884	1.0437	1.0560
0.22	0.1968	0.1458	0.7408	0.47	0.5187	0.5317	1.0250	0.72	0.8083	0.8925	1.1042	0.97	0.9924	1.0414	1.0494
0.23	0.2092	0.1586	0.7584	0.48	0.5314	0.5479	1.0311	0.73	0.8182	0.9038	1.1046	0.98	0.9958	1.0366	1.0410
0.24	0.2216	0.1719	0.7754	0.49	0.5440	0.5641	1.0369	0.74	0.8279	0.9147	1.1047	0.99	0.9985	1.0278	1.0294
0.25	0.2342	0.1855	0.7918	0.50	0.5565	0.5802	1.0425	0.75	0.8375	0.9252	1.1047	1.00	1.0000	1.0000	1.0000

注：h/H——充满度；K_a——水流断面面积修正值；K_q——流量修正值；K_v——流速修正值。

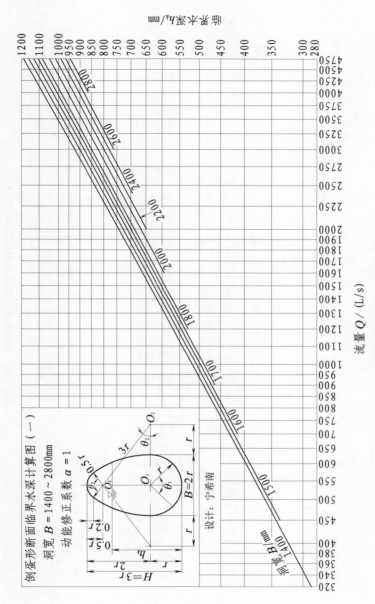

图11-2　倒蛋形断面临界水深计算图（一）

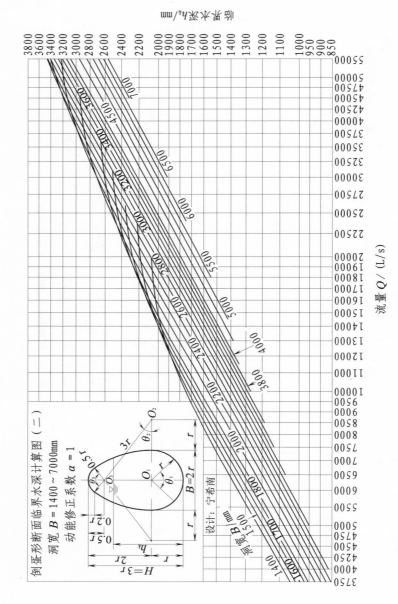

图11-3 倒蛋形断面临界水深计算图（二）

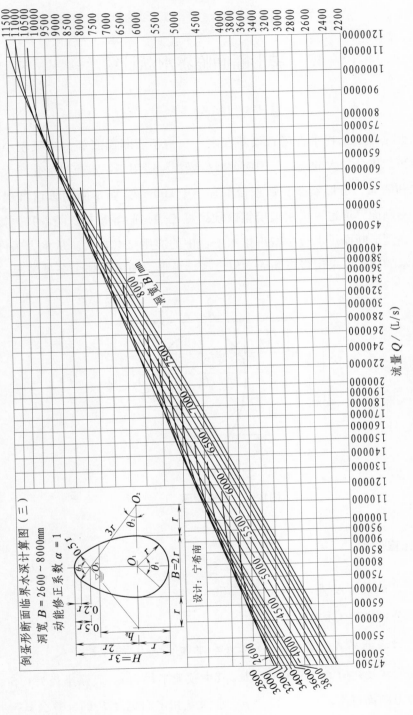

图11－4　倒蛋形断面临界水深计算图（三）

12 蛋形断面临界水深计算

蛋形断面是排水工程中常用管渠断面之一，由于该断面底部为半径较小的弧形，在小流量时可以维持较大的流速，因而可减少淤积，适用于污水流量变化较大的情况。为便于冲洗和清通，蛋形断面底弧直径不宜小于 200mm。蛋形断面管道可现场浇制，小尺寸的蛋形断面管道也可采用玻璃钢或硬聚氯乙烯树脂等预制。随着我国排水工程技术的进步，蛋形断面排水管在城市排水工程中的应用将会扩大。从水力条件优良考虑，无压输水隧洞也可采用蛋形断面，但应考虑地形、地质和施工条件等因素（见图 12 – 1）。

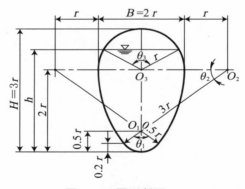

图12-1　蛋形断面

12.1　计算公式

12.1.1　流速计算公式

流速计算公式参照 3.1 节内容。

12.1.2　过水断面 A、湿周 ρ、水深 h 和水面宽度 B_s 的计算公式

蛋形断面形状及几何关系见图 12 – 1，其中顶弧半径为 r，底弧半径为 $0.5r$，侧弧半径为 $3r$。蛋形断面过水断面 A、湿周 ρ、水深 h 和水面宽度 B_s 的计算公式经推导后

如下：

（1）当水深 $h \leqslant 0.2r$ 时（即 $h/H \leqslant 0.0666667$ 时），

$$A = 0.125r^2 \left(\theta_1 - \sin\theta_1 \right)$$

$$\rho = 0.5r\theta_1$$

$$h = r \sin^2 \left(0.25\theta_1 \right)$$

$$B_s = r \sin \left(0.5\theta_1 \right)$$

（2）当 $0.2r < h \leqslant 2.0r$ 时（即 $0.0666667 < h/H \leqslant 0.666667$ 时），

$$A = 3.023333783r^2 - 9r^2\theta_2 - r^2 \left(3\cos\theta_2 - 2 \right) \left(3\sin\theta_2 - 2\tan\theta_2 \right) + 4r^2 \tan\theta_2$$

$$\rho = 0.927295218r + 6 \left(0.643501108 - \theta_2 \right) r$$

$$h = 2r - 3r \sin\theta_2$$

$$B_s = 6r \cos\theta_2 - 4r$$

（3）当 $2.0r < h \leqslant 3.0r$ 时（即 $0.666667 < h/H \leqslant 1.00$ 时），

$$A = 4.59413011r^2 - 0.5 \left(\theta_3 - \sin\theta_3 \right) r^2$$

$$\rho = \left(7.92989452 - \theta_3 \right) r$$

$$h = 3r - 2r \sin^2 \left(0.25\theta_3 \right)$$

$$B_s = 2r \sin \left(0.5\theta_3 \right)$$

式中：θ——管渠断面水深圆心角，以弧度计。

其余参数同前。

12.1.3　临界水深计算

蛋形断面临界水深 h_k 可根据式 3-6 或式 3-9 使用计算机编程求解，其中过水断面面积 A 和水面宽度 B_s 等需按 12.1.2 节的计算公式分段计算。

计算得出临界水深后，就可计算出临界坡度和临界流速，详见第 3 章。

12.2　蛋形断面管道临界水深计算图及其使用说明

根据上述计算公式编程，笔者用计算机制作了如下水力计算图表：

（1）蛋形断面水力要素计算见表 12-1，非满流时的水流断面面积、流量及流速修正值见表 12-2。

（2）宽度 $B = 1400 \sim 8000$ mm 的蛋形断面临界水深计算图（见图 12-2 至 12-4）。

【例】某长距离无压输水隧洞，为混凝土衬砌蛋形断面，隧洞宽度 $B = 5000$ mm，

粗糙系数 $n = 0.014$，设计流量 $Q = 40\text{m}^3/\text{s}$，当隧洞纵坡 $i = 0.0006$ 时，其正常水深 $h = 4650\text{mm}$（其充满度 $h/H = 0.62$），流速 $v = 2.32\text{m/s}$，试判别水流的流态。

【解】该题如由上述公式计算求解，需多次反复试算，非常烦琐复杂，如查图，则可直接得出结果。

为判别水流的流态，需首先计算其临界水深，由图 12-3 蛋形断面临界水深计算图（二）（$B = 1400 \sim 8000\text{mm}$）查得，当流量 $Q = 40\text{m}^3/\text{s} = 40000\text{ L/s}$，隧洞宽度 $B = 5000\text{mm}$ 时，临界水深 $h_k \approx 2940\text{mm}$。

由于正常水深 $h = 4650\text{mm}$，大于临界水深 $h_k \approx 2940\text{mm}$，故水流的流态为缓流。

表 12-1 蛋形断面水力要素计算表

h/H	A (r^2)	ρ (r)	R (r)	h/H	A (r^2)	ρ (r)	R (r)	h/H	A (r^2)	ρ (r)	R (r)	h/H	A (r^2)	ρ (r)	R (r)
0.01	0.0069	0.3482	0.0197	0.26	0.7904	2.2755	0.3474	0.51	2.0949	3.8444	0.5449	0.76	3.5759	5.3559	0.6677
0.02	0.0192	0.4949	0.0389	0.27	0.8353	2.3410	0.3568	0.52	2.1528	3.9051	0.5513	0.77	3.6333	5.4187	0.6705
0.03	0.0350	0.6094	0.0575	0.28	0.8809	2.4062	0.3661	0.53	2.2110	3.9657	0.5575	0.78	3.6900	5.4821	0.6731
0.04	0.0534	0.7075	0.0755	0.29	0.9273	2.4711	0.3752	0.54	2.2694	4.0263	0.5637	0.79	3.7461	5.5463	0.6754
0.05	0.0739	0.7954	0.0929	0.30	0.9744	2.5358	0.3842	0.55	2.3281	4.0867	0.5697	0.80	3.8015	5.6113	0.6775
0.06	0.0961	0.8763	0.1097	0.31	1.0222	2.6001	0.3931	0.56	2.3870	4.1471	0.5756	0.81	3.8560	5.6773	0.6792
0.07	0.1199	0.9523	0.1259	0.32	1.0707	2.6642	0.4019	0.57	2.4460	4.2074	0.5814	0.82	3.9098	5.7443	0.6806
0.08	0.1450	1.0267	0.1412	0.33	1.1198	2.7281	0.4105	0.58	2.5053	4.2676	0.5870	0.83	3.9626	5.8125	0.6817
0.09	0.1714	1.1004	0.1558	0.34	1.1697	2.7917	0.4190	0.59	2.5647	4.3279	0.5926	0.84	4.0144	5.8820	0.6825
0.10	0.1991	1.1736	0.1697	0.35	1.2201	2.8550	0.4273	0.60	2.6242	4.3880	0.5980	0.85	4.0650	5.9530	0.6829
0.11	0.2280	1.2461	0.1830	0.36	1.2711	2.9182	0.4356	0.61	2.6839	4.4481	0.6034	0.86	4.1145	6.0258	0.6828
0.12	0.2582	1.3180	0.1959	0.37	1.3227	2.9811	0.4437	0.62	2.7436	4.5082	0.6086	0.87	4.1628	6.1004	0.6824
0.13	0.2895	1.3894	0.2083	0.38	1.3749	3.0438	0.4517	0.63	2.8035	4.5683	0.6137	0.88	4.2096	6.1773	0.6815
0.14	0.3219	1.4603	0.2205	0.39	1.4276	3.1064	0.4596	0.64	2.8634	4.6283	0.6187	0.89	4.2549	6.2567	0.6801
0.15	0.3555	1.5306	0.2323	0.40	1.4808	3.1687	0.4673	0.65	2.9233	4.6883	0.6235	0.90	4.2986	6.3391	0.6781
0.16	0.3901	1.6004	0.2438	0.41	1.5346	3.2309	0.4750	0.66	2.9833	4.7483	0.6283	0.91	4.3406	6.4249	0.6756
0.17	0.4258	1.6698	0.2550	0.42	1.5888	3.2929	0.4825	0.67	3.0433	4.8083	0.6329	0.92	4.3806	6.5149	0.6724
0.18	0.4626	1.7387	0.2661	0.43	1.6434	3.3547	0.4899	0.68	3.1033	4.8683	0.6374	0.93	4.4185	6.6099	0.6685
0.19	0.5003	1.8071	0.2769	0.44	1.6985	3.4164	0.4972	0.69	3.1632	4.9284	0.6418	0.94	4.4541	6.7111	0.6637
0.20	0.5391	1.8752	0.2875	0.45	1.7541	3.4779	0.5043	0.70	3.2230	4.9886	0.6461	0.95	4.4871	6.8203	0.6578
0.21	0.5787	1.9428	0.2979	0.46	1.8100	3.5393	0.5114	0.71	3.2826	5.0490	0.6501	0.96	4.5172	6.9400	0.6509
0.22	0.6193	2.0101	0.3081	0.47	1.8663	3.6006	0.5183	0.72	3.3420	5.1097	0.6540	0.97	4.5439	7.0749	0.6423
0.23	0.6608	2.0770	0.3182	0.48	1.9229	3.6617	0.5252	0.73	3.4010	5.1706	0.6578	0.98	4.5667	7.2336	0.6313
0.24	0.7032	2.1435	0.3281	0.49	1.9800	3.7227	0.5319	0.74	3.4598	5.2319	0.6613	0.99	4.5844	7.4388	0.6163
0.25	0.7464	2.2096	0.3378	0.50	2.0373	3.7836	0.5384	0.75	3.5181	5.2937	0.6646	1.00	4.5941	7.9299	0.5793

注：h/H——充满度；A——过水断面；ρ——湿周；R——水力半径；r——顶弧半径。

表12－2 蛋形断面在非满流时的水流断面面积、流量及流速修正值表

h/H	K_a	K_q	K_v	h/H	K_a	K_q	K_v	h/H	K_a	K_q	K_v	h/H	K_a	K_q	K_v
0.01	0.0015	0.0002	0.1050	0.26	0.1721	0.1223	0.7110	0.51	0.4560	0.4378	0.9600	0.76	0.7784	0.8556	1.0992
0.02	0.0042	0.0007	0.1651	0.27	0.1818	0.1316	0.7239	0.52	0.4686	0.4533	0.9674	0.77	0.7908	0.8718	1.1023
0.03	0.0076	0.0016	0.2143	0.28	0.1917	0.1412	0.7364	0.53	0.4813	0.4691	0.9747	0.78	0.8032	0.8877	1.1052
0.04	0.0116	0.0030	0.2569	0.29	0.2018	0.1511	0.7486	0.54	0.4940	0.4850	0.9819	0.79	0.8154	0.9032	1.1077
0.05	0.0161	0.0047	0.2951	0.30	0.2121	0.1613	0.7605	0.55	0.5068	0.5011	0.9888	0.80	0.8275	0.9184	1.1099
0.06	0.0209	0.0069	0.3298	0.31	0.2225	0.1718	0.7722	0.56	0.5196	0.5173	0.9957	0.81	0.8393	0.9332	1.1118
0.07	0.0261	0.0094	0.3615	0.32	0.2331	0.1826	0.7836	0.57	0.5324	0.5337	1.0023	0.82	0.8510	0.9475	1.1134
0.08	0.0316	0.0123	0.3903	0.33	0.2438	0.1937	0.7948	0.58	0.5453	0.5501	1.0088	0.83	0.8625	0.9614	1.1146
0.09	0.0373	0.0155	0.4166	0.34	0.2546	0.2051	0.8057	0.59	0.5583	0.5667	1.0152	0.84	0.8738	0.9746	1.1154
0.10	0.0433	0.0191	0.4410	0.35	0.2656	0.2168	0.8164	0.60	0.5712	0.5834	1.0214	0.85	0.8848	0.9873	1.1158
0.11	0.0496	0.0230	0.4638	0.36	0.2767	0.2288	0.8268	0.61	0.5842	0.6002	1.0275	0.86	0.8956	0.9993	1.1158
0.12	0.0562	0.0273	0.4853	0.37	0.2879	0.2410	0.8371	0.62	0.5972	0.6171	1.0334	0.87	0.9061	1.0106	1.1153
0.13	0.0630	0.0319	0.5057	0.38	0.2993	0.2535	0.8471	0.63	0.6102	0.6341	1.0391	0.88	0.9163	1.0210	1.1143
0.14	0.0701	0.0368	0.5251	0.39	0.3107	0.2663	0.8569	0.64	0.6233	0.6512	1.0448	0.89	0.9262	1.0306	1.1128
0.15	0.0774	0.0421	0.5437	0.40	0.3223	0.2793	0.8666	0.65	0.6363	0.6683	1.0502	0.90	0.9357	1.0392	1.1107
0.16	0.0849	0.0477	0.5615	0.41	0.3340	0.2926	0.8760	0.66	0.6494	0.6855	1.0556	0.91	0.9448	1.0467	1.1079
0.17	0.0927	0.0536	0.5787	0.42	0.3458	0.3061	0.8852	0.67	0.6624	0.7027	1.0608	0.92	0.9535	1.0531	1.1044
0.18	0.1007	0.0599	0.5952	0.43	0.3577	0.3199	0.8942	0.68	0.6755	0.7199	1.0658	0.93	0.9618	1.0580	1.1001
0.19	0.1089	0.0666	0.6113	0.44	0.3697	0.3339	0.9031	0.69	0.6885	0.7372	1.0707	0.94	0.9695	1.0615	1.0948
0.20	0.1173	0.0735	0.6268	0.45	0.3818	0.3481	0.9117	0.70	0.7015	0.7544	1.0754	0.95	0.9767	1.0631	1.0885
0.21	0.1260	0.0808	0.6418	0.46	0.3940	0.3625	0.9202	0.71	0.7145	0.7716	1.0799	0.96	0.9832	1.0626	1.0807
0.22	0.1348	0.0885	0.6564	0.47	0.4062	0.3772	0.9285	0.72	0.7274	0.7887	1.0842	0.97	0.9891	1.0594	1.0712
0.23	0.1438	0.0965	0.6706	0.48	0.4186	0.3920	0.9366	0.73	0.7403	0.8057	1.0883	0.98	0.9940	1.0526	1.0589
0.24	0.1531	0.1048	0.6844	0.49	0.4310	0.4071	0.9446	0.74	0.7531	0.8225	1.0922	0.99	0.9979	1.0399	1.0421
0.25	0.1625	0.1134	0.6979	0.50	0.4435	0.4223	0.9524	0.75	0.7658	0.8392	1.0958	1.00	1.0000	1.0000	1.0000

注：h/H——充满度；K_a——水流断面面积修正值；K_q——流量修正值；K_v——流速修正值。

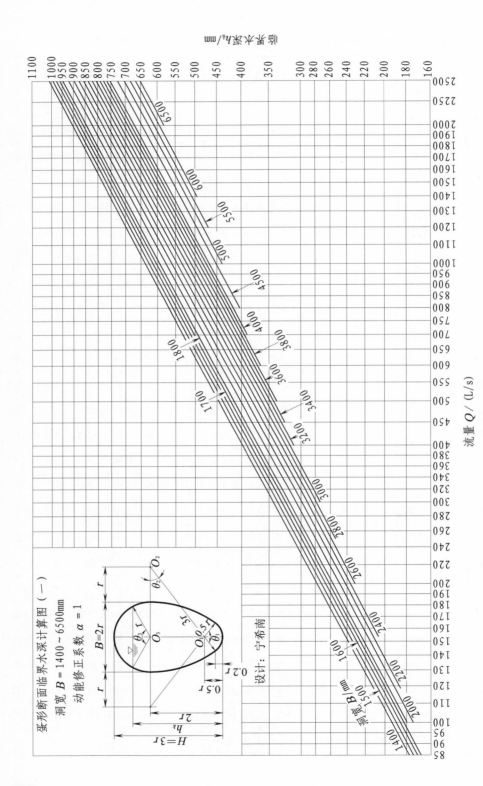

图12-2 蛋形断面临界水深计算图（一）

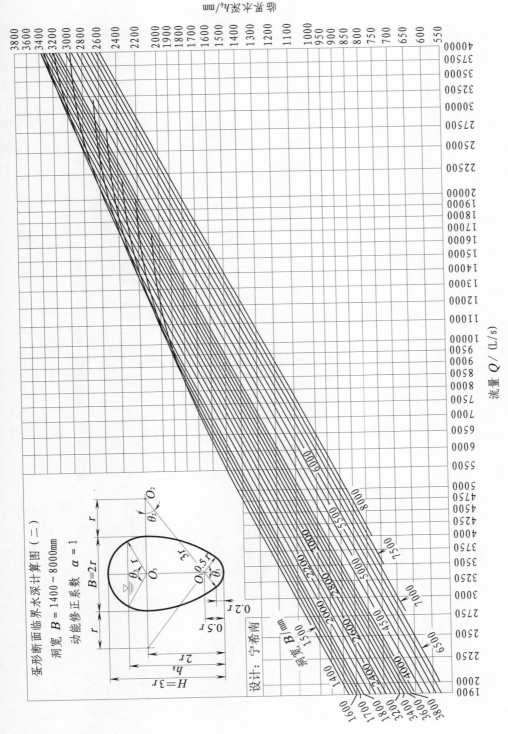

图12—3　蛋形断面临界水深计算图（二）

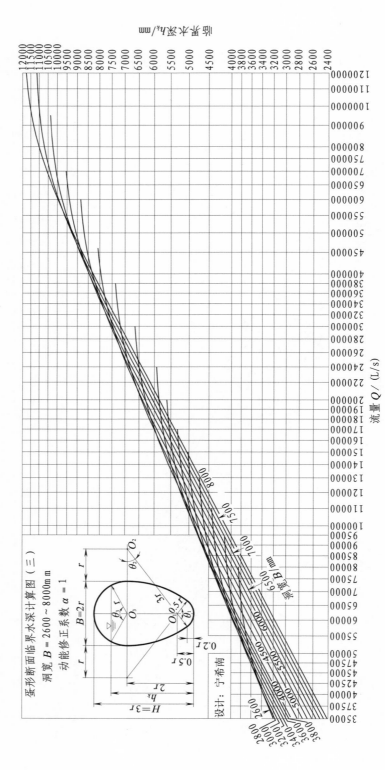

图12-4 蛋形断面临界水深计算图（三）

13　低拱形断面临界水深计算

低拱形断面是一种良好的水流断面，在给排水和水利水电工程中应用历史悠久。在地质条件较差或地形平坦，受受纳水体水位限制时，需要尽量减少管道埋深以降低造价，可采用高度小于宽度的低拱形断面。

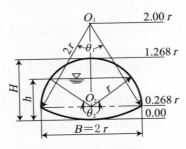

图13-1　低拱形断面

13.1　计算公式

13.1.1　流速计算公式

流速计算公式参照3.1节内容。

13.1.2　过水断面 A、湿周 ρ、水深 h 和水面宽度 B_s 的计算公式

低拱形断面形状及几何关系见图 13－1，其中顶弧半径为 r，底弧半径为 $2r$。低拱形断面过水断面 A、湿周 ρ、水深 h 和水面宽度 B_s 的计算公式经推导后如下：

（1）当水深 $h \leqslant 0.268r$ 时（即 $h/H \leqslant 0.21136$ 时），

$$A = 2r^2\ (\theta_1 - \sin\theta_1)$$

$$\rho = 2r\theta_1$$

$$h = 4r\sin^2\ (0.25\theta_1)$$

$$B_s = 4r\sin\ (0.5\theta_1)$$

（2）当 $0.268r < h \leqslant 1.268r$ 时（即 $0.21136 < h/H \leqslant 1.00$ 时），

$$A = 0.5r^2 (\theta_2 - \sin\theta_2) - 1.208452r^2$$

$$\rho = (\theta_2 - 1.0471976) r$$

$$h = 2r \sin^2 (0.25\theta_2) - 0.73205081r$$

$$B_s = 2r \sin (0.5\theta_2)$$

式中：θ——管渠断面水深圆心角，以弧度计。

其余参数同前。

13.1.3　临界水深计算

低拱形断面临界水深 h_k 可根据式 3 – 6 或式 3 – 9 使用计算机编程求解，其中过水断面面积 A 和水面宽度 B_s 等需按 13.1.2 节的计算公式分段计算。

计算得出临界水深后，就可计算出临界坡度和临界流速，详见第 3 章。

13.2　低拱形断面临界水深计算图及其使用说明

根据上述计算公式编程，笔者用计算机制作了如下水力计算图表：

（1）低拱形断面水力要素计算见表 13 – 1，非满流时的水流断面面积、流量及流速修正值见表 13 – 2。

（2）宽度 $B = 1400 \sim 8000\text{mm}$ 的低拱形断面临界水深计算图（见图 13 – 2 至 13 – 4）。

【例】某长距离无压输水隧洞，为混凝土衬砌低拱形断面，隧洞尺寸 $B \times H = 6500\text{mm} \times 4121\text{mm}$，粗糙系数 $n = 0.014$，设计流量 $Q = 35\text{m}^3/\text{s}$，当隧洞纵坡 $i = 0.0005$ 时，其正常水深 $h = 3091\text{mm}$（其充满度 $h/H = 0.75$），流速 $v = 2.05\text{m/s}$，试判别水流的流态。

【解】该题如由上述公式计算求解，需多次反复试算，非常烦琐，如查图，则可直接得出结果。

为判别水流的流态，需首先计算其临界水深，由图 13 – 4 低拱形断面临界水深计算图（三）（$B = 3200 \sim 8000\text{mm}$）查得，当流量 $Q = 35\text{m}^3/\text{s} = 35000 \text{ L/s}$，隧洞宽度 $B = 6500\text{mm}$ 时，临界水深 $h_k \approx 1710\text{mm}$。

由于正常水深 $h = 3091\text{mm}$，大于临界水深 $h_k \approx 1710\text{mm}$，故水流的流态为缓流。

表 13 − 1　低拱形断面水力要素计算表

h/H	A (r²)	ρ (r)	R (r)	h/H	A (r²)	ρ (r)	R (r)	h/H	A (r²)	ρ (r)	R (r)	h/H	A (r²)	ρ (r)	R (r)
0.01	0.0038	0.4507	0.0084	0.26	0.4857	2.2179	0.2190	0.51	1.1012	2.8712	0.3835	0.76	1.6315	3.6332	0.4490
0.02	0.0107	0.6377	0.0169	0.27	0.5110	2.2433	0.2278	0.52	1.1246	2.8987	0.3880	0.77	1.6495	3.6688	0.4496
0.03	0.0197	0.7814	0.0252	0.28	0.5363	2.2688	0.2364	0.53	1.1479	2.9263	0.3923	0.78	1.6673	3.7050	0.4500
0.04	0.0303	0.9027	0.0336	0.29	0.5615	2.2942	0.2448	0.54	1.1710	2.9541	0.3964	0.79	1.6847	3.7420	0.4502
0.05	0.0424	1.0098	0.0420	0.30	0.5867	2.3197	0.2529	0.55	1.1940	2.9821	0.4004	0.80	1.7017	3.7797	0.4502
0.06	0.0556	1.1068	0.0503	0.31	0.6119	2.3453	0.2609	0.56	1.2168	3.0103	0.4042	0.81	1.7184	3.8182	0.4501
0.07	0.0700	1.1961	0.0586	0.32	0.6371	2.3709	0.2687	0.57	1.2395	3.0386	0.4079	0.82	1.7347	3.8576	0.4497
0.08	0.0855	1.2794	0.0668	0.33	0.6622	2.3965	0.2763	0.58	1.2620	3.0672	0.4114	0.83	1.7507	3.8980	0.4491
0.09	0.1019	1.3577	0.0751	0.34	0.6872	2.4222	0.2837	0.59	1.2843	3.0960	0.4148	0.84	1.7662	3.9394	0.4483
0.10	0.1192	1.4320	0.0833	0.35	0.7122	2.4479	0.2909	0.60	1.3065	3.1251	0.4181	0.85	1.7813	3.9820	0.4473
0.11	0.1374	1.5027	0.0915	0.36	0.7371	2.4737	0.2980	0.61	1.3285	3.1543	0.4212	0.86	1.7959	4.0259	0.4461
0.12	0.1564	1.5703	0.0996	0.37	0.7620	2.4995	0.3049	0.62	1.3502	3.1838	0.4241	0.87	1.8101	4.0713	0.4446
0.13	0.1762	1.6354	0.1078	0.38	0.7868	2.5255	0.3115	0.63	1.3718	3.2136	0.4269	0.88	1.8238	4.1182	0.4429
0.14	0.1968	1.6980	0.1159	0.39	0.8115	2.5515	0.3181	0.64	1.3932	3.2437	0.4295	0.89	1.8370	4.1670	0.4408
0.15	0.2180	1.7586	0.1240	0.40	0.8362	2.5775	0.3244	0.65	1.4144	3.2741	0.4320	0.90	1.8496	4.2179	0.4385
0.16	0.2399	1.8172	0.1320	0.41	0.8608	2.6037	0.3306	0.66	1.4354	3.3047	0.4343	0.91	1.8617	4.2712	0.4359
0.17	0.2625	1.8742	0.1401	0.42	0.8853	2.6300	0.3366	0.67	1.4561	3.3357	0.4365	0.92	1.8732	4.3274	0.4329
0.18	0.2857	1.9296	0.1481	0.43	0.9097	2.6563	0.3425	0.68	1.4766	3.3671	0.4385	0.93	1.8839	4.3870	0.4294
0.19	0.3096	1.9836	0.1561	0.44	0.9340	2.6827	0.3482	0.69	1.4969	3.3988	0.4404	0.94	1.8940	4.4508	0.4255
0.20	0.3340	2.0362	0.1640	0.45	0.9582	2.7093	0.3537	0.70	1.5169	3.4309	0.4421	0.95	1.9033	4.5200	0.4211
0.21	0.3590	2.0877	0.1720	0.46	0.9823	2.7360	0.3591	0.71	1.5367	3.4634	0.4437	0.96	1.9118	4.5963	0.4159
0.22	0.3843	2.1164	0.1816	0.47	1.0064	2.7627	0.3643	0.72	1.5562	3.4964	0.4451	0.97	1.9192	4.6826	0.4099
0.23	0.4097	2.1418	0.1913	0.48	1.0303	2.7896	0.3693	0.73	1.5755	3.5298	0.4463	0.98	1.9256	4.7846	0.4024
0.24	0.4350	2.1671	0.2007	0.49	1.0540	2.8167	0.3742	0.74	1.5944	3.5637	0.4474	0.99	1.9305	4.9172	0.3926
0.25	0.4604	2.1925	0.2100	0.50	1.0777	2.8439	0.3790	0.75	1.6131	3.5982	0.4483	1.00	1.9331	5.2359	0.3692

注：h/H——充满度；A——过水断面；ρ——湿周；R——水力半径；r——顶弧半径。

表 13 – 2　低拱形断面在非满流时的水流断面面积、流量及流速修正值表

h/H	K_a	K_q	K_v	h/H	K_a	K_q	K_v	h/H	K_a	K_q	K_v	h/H	K_a	K_q	K_v
0.01	0.0020	0.0002	0.0805	0.26	0.2512	0.1774	0.7059	0.51	0.5697	0.5843	1.0257	0.76	0.8439	0.9616	1.1394
0.02	0.0056	0.0007	0.1277	0.27	0.2643	0.1916	0.7247	0.52	0.5818	0.6013	1.0336	0.77	0.8533	0.9731	1.1404
0.03	0.0102	0.0017	0.1672	0.28	0.2774	0.2061	0.7428	0.53	0.5938	0.6183	1.0412	0.78	0.8625	0.9841	1.1410
0.04	0.0157	0.0032	0.2024	0.29	0.2905	0.2208	0.7603	0.54	0.6058	0.6352	1.0485	0.79	0.8715	0.9947	1.1414
0.05	0.0219	0.0051	0.2346	0.30	0.3035	0.2359	0.7771	0.55	0.6177	0.6520	1.0555	0.80	0.8803	1.0048	1.1414
0.06	0.0288	0.0076	0.2646	0.31	0.3165	0.2511	0.7934	0.56	0.6295	0.6687	1.0623	0.81	0.8889	1.0144	1.1411
0.07	0.0362	0.0106	0.2930	0.32	0.3295	0.2666	0.8091	0.57	0.6412	0.6852	1.0687	0.82	0.8974	1.0234	1.1405
0.08	0.0442	0.0141	0.3200	0.33	0.3425	0.2823	0.8243	0.58	0.6528	0.7017	1.0749	0.83	0.9056	1.0320	1.1395
0.09	0.0527	0.0182	0.3457	0.34	0.3555	0.2982	0.8389	0.59	0.6644	0.7180	1.0808	0.84	0.9136	1.0399	1.1382
0.10	0.0617	0.0229	0.3705	0.35	0.3684	0.3143	0.8531	0.60	0.6758	0.7342	1.0864	0.85	0.9214	1.0472	1.1365
0.11	0.0711	0.0280	0.3944	0.36	0.3813	0.3305	0.8669	0.61	0.6872	0.7502	1.0917	0.86	0.9290	1.0539	1.1344
0.12	0.0809	0.0338	0.4176	0.37	0.3942	0.3469	0.8801	0.62	0.6985	0.7661	1.0968	0.87	0.9364	1.0599	1.1319
0.13	0.0912	0.0401	0.4400	0.38	0.4070	0.3634	0.8930	0.63	0.7096	0.7817	1.1016	0.88	0.9434	1.0651	1.1289
0.14	0.1018	0.0470	0.4618	0.39	0.4198	0.3801	0.9054	0.64	0.7207	0.7972	1.1061	0.89	0.9503	1.0695	1.1255
0.15	0.1128	0.0545	0.4831	0.40	0.4326	0.3968	0.9174	0.65	0.7317	0.8124	1.1104	0.90	0.9568	1.0731	1.1215
0.16	0.1241	0.0625	0.5038	0.41	0.4453	0.4137	0.9290	0.66	0.7425	0.8274	1.1144	0.91	0.9630	1.0757	1.1170
0.17	0.1358	0.0712	0.5240	0.42	0.4580	0.4306	0.9402	0.67	0.7532	0.8422	1.1181	0.92	0.9690	1.0774	1.1119
0.18	0.1478	0.0804	0.5438	0.43	0.4706	0.4476	0.9511	0.68	0.7639	0.8567	1.1216	0.93	0.9746	1.0778	1.1060
0.19	0.1601	0.0902	0.5632	0.44	0.4832	0.4646	0.9616	0.69	0.7743	0.8710	1.1248	0.94	0.9798	1.0771	1.0993
0.20	0.1728	0.1006	0.5822	0.45	0.4957	0.4817	0.9718	0.70	0.7847	0.8849	1.1277	0.95	0.9846	1.0748	1.0916
0.21	0.1857	0.1116	0.6008	0.46	0.5082	0.4988	0.9816	0.71	0.7949	0.8985	1.1303	0.96	0.9889	1.0707	1.0827
0.22	0.1988	0.1239	0.6231	0.47	0.5206	0.5159	0.9910	0.72	0.8050	0.9119	1.1327	0.97	0.9928	1.0644	1.0721
0.23	0.2119	0.1367	0.6451	0.48	0.5329	0.5330	1.0002	0.73	0.8150	0.9248	1.1348	0.98	0.9961	1.0550	1.0591
0.24	0.2250	0.1499	0.6662	0.49	0.5452	0.5502	1.0090	0.74	0.8248	0.9375	1.1366	0.99	0.9986	1.0403	1.0418
0.25	0.2382	0.1635	0.6864	0.50	0.5575	0.5673	1.0175	0.75	0.8344	0.9497	1.1382	1.00	1.0000	1.0000	1.0000

注：h/H——充满度；K_a——水流断面面积修正值；K_q——流量修正值；K_v——流速修正值。

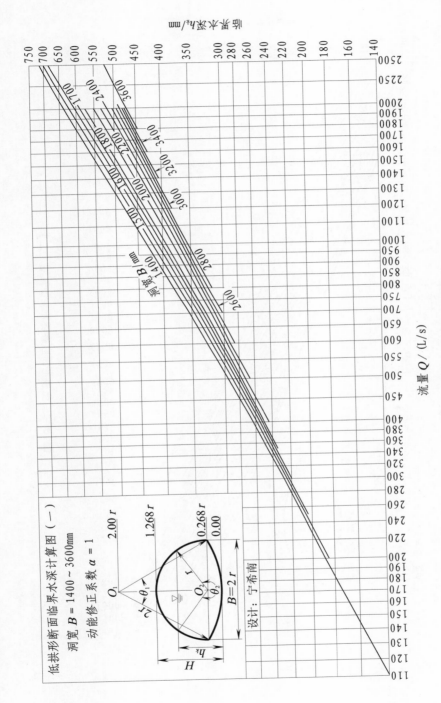

图13—2 低拱形断面临界水深计算图（一）

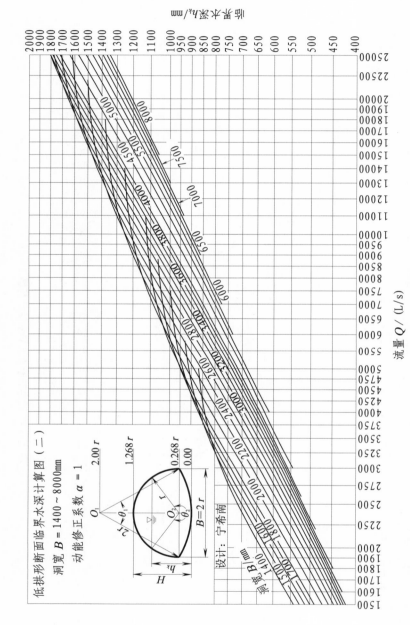

图13-3 低拱形断面临界水深计算图（二）

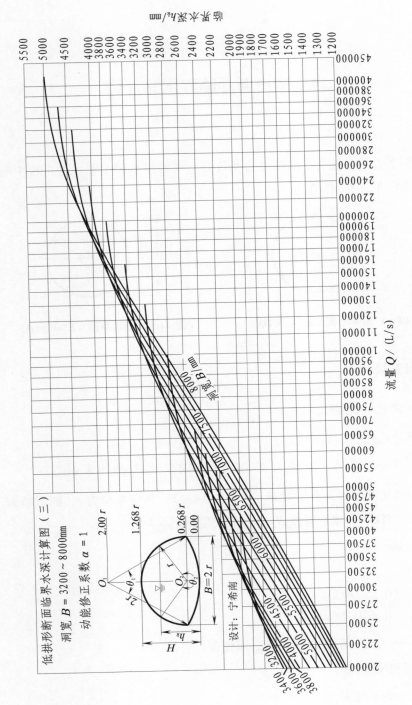

图13-4　低拱形断面临界水深计算图（三）

14　圆形断面临界水深计算

圆形断面水力条件优良，结构受力条件好，在给排水和水利水电工程中应用历史悠久（见图 14 - 1、图 14 - 2）。

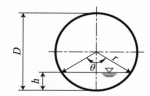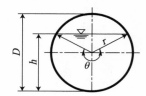

图 14-1　圆形断面（$h < 0.50D$）　　　　图 14-2　圆形断面（$h > 0.50D$）

14.1　计算公式

14.1.1　流速计算公式

流速计算公式参照 3.1 节内容。

14.1.2　过水断面 A、湿周 ρ、水深 h 和水面宽度 B_s 的计算公式

圆形断面形状及几何关系见图 14 - 1 和图 14 - 2，其中半径为 r，圆形断面过水断面 A、湿周 ρ、水深 h 和水面宽度 B_s 的计算公式如下：

$A = 0.5r^2 \ (\theta - \sin\theta)$

$\rho = r\theta$

$h = 2r \sin^2 \ (0.25\theta)$

$B_s = 2r \sin \ (0.5\theta)$

式中：θ——管渠断面水深圆心角，以弧度计。

　　　　其余参数同前。

14.1.3　临界水深计算

圆形断面临界水深 h_k 可根据式 3 - 6 或式 3 - 9 使用计算机编程求解，其中过水断

面面积 A 和水面宽度 B_s 等需按 14.1.2 节的计算公式计算。

计算得出临界水深后，就可计算出临界坡度和临界流速，详见第 3 章。

14.2　圆形断面临界水深计算图及其使用说明

根据上述计算公式编程，笔者用计算机制作了如下水力计算图表：

（1）圆形断面水力要素计算见表 14-1，非满流时的水流断面面积、流量及流速修正值见表 14-2。

（2）内径 $D = 150 \sim 8000\text{mm}$ 的圆形断面临界水深计算图（见图 14-3 至 14-6）。

注：小管径的圆形断面临界水深计算图仅供有关科研课题参考（工程设计中，小管径的圆形断面一般不计算临界水深）。

【例】某长距离无压输水隧洞，为混凝土衬砌圆形断面，隧洞内径 $D = 5000\text{mm}$，粗糙系数 $n = 0.014$，设计流量 $Q = 40\text{m}^3/\text{s}$，当隧洞纵坡 $i = 0.00075$ 时，其正常水深 $h = 3700\text{mm}$（其充满度 $h/H = 0.74$），流速 $v = 2.57\text{m/s}$，试判别水流的流态。

【解】该题如由上述公式计算求解，需多次反复试算，非常烦琐，如查图，则可直接得出结果。

为判别水流的流态，需首先计算其临界水深，由图 14-6 圆形断面临界水深计算图（四）（内径 $D = 2600 \sim 8000\text{mm}$）查得，当流量 $Q = 40\text{m}^3/\text{s} = 40000 \text{ L/s}$，隧洞内径 $D = 5000\text{mm}$ 时，临界水深 $h_k \approx 2400\text{mm}$。

由于正常水深 $h = 3700\text{mm}$，大于临界水深 $h_k \approx 2400\text{mm}$，故水流的流态为缓流。

表 14-1　圆形断面水力要素计算表

h/D	A (r^2)	ρ (r)	R (r)	h/D	A (r^2)	ρ (r)	R (r)	h/D	A (r^2)	ρ (r)	R (r)	h/D	A (r^2)	ρ (r)	R (r)
0.01	0.0053	0.4007	0.0133	0.26	0.6491	2.1403	0.3033	0.51	1.6108	3.1816	0.5063	0.76	2.5618	4.2353	0.6049
0.02	0.0150	0.5676	0.0264	0.27	0.6844	2.1856	0.3131	0.52	1.6508	3.2216	0.5124	0.77	2.5957	4.2825	0.6061
0.03	0.0275	0.6963	0.0394	0.28	0.7201	2.2304	0.3228	0.53	1.6907	3.2617	0.5184	0.78	2.6291	4.3304	0.6071
0.04	0.0422	0.8054	0.0523	0.29	0.7562	2.2747	0.3324	0.54	1.7306	3.3018	0.5242	0.79	2.6620	4.3791	0.6079
0.05	0.0587	0.9021	0.0651	0.30	0.7927	2.3186	0.3419	0.55	1.7705	3.3419	0.5298	0.80	2.6943	4.4286	0.6084
0.06	0.0770	0.9899	0.0777	0.31	0.8295	2.3620	0.3512	0.56	1.8102	3.3822	0.5352	0.81	2.7260	4.4791	0.6086
0.07	0.0967	1.0711	0.0903	0.32	0.8667	2.4051	0.3604	0.57	1.8499	3.4225	0.5405	0.82	2.7571	4.5306	0.6085
0.08	0.1177	1.1470	0.1026	0.33	0.9041	2.4478	0.3694	0.58	1.8894	3.4630	0.5456	0.83	2.7875	4.5832	0.6082
0.09	0.1400	1.2188	0.1149	0.34	0.9419	2.4901	0.3783	0.59	1.9288	3.5036	0.5505	0.84	2.8171	4.6371	0.6075
0.10	0.1635	1.2870	0.1270	0.35	0.9799	2.5322	0.3870	0.60	1.9681	3.5443	0.5553	0.85	2.8461	4.6924	0.6065
0.11	0.1880	1.3523	0.1390	0.36	1.0182	2.5740	0.3956	0.61	2.0072	3.5852	0.5599	0.86	2.8743	4.7492	0.6052
0.12	0.2135	1.4150	0.1509	0.37	1.0567	2.6155	0.4040	0.62	2.0461	3.6263	0.5642	0.87	2.9016	4.8077	0.6035
0.13	0.2400	1.4755	0.1627	0.38	1.0954	2.6569	0.4123	0.63	2.0849	3.6676	0.5685	0.88	2.9281	4.8682	0.6015
0.14	0.2673	1.5340	0.1743	0.39	1.1344	2.6980	0.4205	0.64	2.1234	3.7092	0.5725	0.89	2.9536	4.9309	0.5990
0.15	0.2955	1.5908	0.1858	0.40	1.1735	2.7389	0.4285	0.65	2.1617	3.7510	0.5763	0.90	2.9781	4.9962	0.5961
0.16	0.3244	1.6461	0.1971	0.41	1.2127	2.7796	0.4363	0.66	2.1997	3.7931	0.5799	0.91	3.0015	5.0644	0.5927
0.17	0.3541	1.7000	0.2083	0.42	1.2522	2.8202	0.4440	0.67	2.2375	3.8354	0.5834	0.92	3.0239	5.1362	0.5887
0.18	0.3845	1.7526	0.2194	0.43	1.2917	2.8607	0.4515	0.68	2.2749	3.8781	0.5866	0.93	3.0449	5.2121	0.5842
0.19	0.4156	1.8041	0.2304	0.44	1.3314	2.9010	0.4589	0.69	2.3121	3.9212	0.5896	0.94	3.0646	5.2933	0.5790
0.20	0.4473	1.8546	0.2412	0.45	1.3711	2.9413	0.4662	0.70	2.3489	3.9646	0.5925	0.95	3.0829	5.3811	0.5729
0.21	0.4796	1.9041	0.2519	0.46	1.4110	2.9814	0.4733	0.71	2.3854	4.0085	0.5951	0.96	3.0994	5.4778	0.5658
0.22	0.5125	1.9528	0.2624	0.47	1.4509	3.0215	0.4802	0.72	2.4215	4.0528	0.5975	0.97	3.1141	5.5869	0.5574
0.23	0.5459	2.0007	0.2728	0.48	1.4908	3.0616	0.4869	0.73	2.4572	4.0976	0.5997	0.98	3.1266	5.7156	0.5470
0.24	0.5798	2.0479	0.2831	0.49	1.5308	3.1016	0.4936	0.74	2.4925	4.1429	0.6016	0.99	3.1363	5.8825	0.5332
0.25	0.6142	2.0944	0.2933	0.50	1.5708	3.1416	0.5000	0.75	2.5274	4.1888	0.6034	1.00	3.1416	6.2832	0.5000

注：h/D——充满度；A——过水断面；ρ——湿周；R——水力半径；r——圆半径。

表 14 - 2 圆形断面在非满流时的水流断面面积、流量及流速修正值表

h/D	K_a	K_q	K_v	h/D	K_a	K_q	K_v	h/D	K_a	K_q	K_v	h/D	K_a	K_q	K_v
0.01	0.0017	0.0002	0.0890	0.26	0.2066	0.1480	0.7165	0.51	0.5127	0.5170	1.0084	0.76	0.8155	0.9258	1.1353
0.02	0.0048	0.0007	0.1408	0.27	0.2178	0.1595	0.7320	0.52	0.5255	0.5341	1.0165	0.77	0.8262	0.9394	1.1369
0.03	0.0087	0.0016	0.1839	0.28	0.2292	0.1712	0.7471	0.53	0.5382	0.5513	1.0243	0.78	0.8369	0.9525	1.1382
0.04	0.0134	0.0030	0.2221	0.29	0.2407	0.1834	0.7618	0.54	0.5509	0.5685	1.0319	0.79	0.8473	0.9652	1.1391
0.05	0.0187	0.0048	0.2569	0.30	0.2523	0.1958	0.7761	0.55	0.5636	0.5857	1.0393	0.80	0.8576	0.9775	1.1397
0.06	0.0245	0.0071	0.2892	0.31	0.2640	0.2086	0.7902	0.56	0.5762	0.6030	1.0464	0.81	0.8677	0.9892	1.1400
0.07	0.0308	0.0098	0.3194	0.32	0.2759	0.2218	0.8038	0.57	0.5888	0.6202	1.0533	0.82	0.8776	1.0004	1.1399
0.08	0.0375	0.0130	0.3480	0.33	0.2878	0.2352	0.8172	0.58	0.6014	0.6375	1.0599	0.83	0.8873	1.0110	1.1395
0.09	0.0446	0.0167	0.3752	0.34	0.2998	0.2489	0.8302	0.59	0.6140	0.6547	1.0663	0.84	0.8967	1.0211	1.1387
0.10	0.0520	0.0209	0.4012	0.35	0.3119	0.2629	0.8430	0.60	0.6265	0.6718	1.0724	0.85	0.9059	1.0304	1.1374
0.11	0.0598	0.0255	0.4260	0.36	0.3241	0.2772	0.8554	0.61	0.6389	0.6889	1.0783	0.86	0.9149	1.0391	1.1358
0.12	0.0680	0.0306	0.4500	0.37	0.3364	0.2918	0.8675	0.62	0.6513	0.7060	1.0839	0.87	0.9236	1.0471	1.1337
0.13	0.0764	0.0361	0.4730	0.38	0.3487	0.3066	0.8794	0.63	0.6636	0.7229	1.0893	0.88	0.9320	1.0542	1.1311
0.14	0.0851	0.0421	0.4953	0.39	0.3611	0.3217	0.8909	0.64	0.6759	0.7397	1.0944	0.89	0.9402	1.0605	1.1280
0.15	0.0941	0.0486	0.5168	0.40	0.3735	0.3370	0.9022	0.65	0.6881	0.7564	1.0993	0.90	0.9480	1.0658	1.1243
0.16	0.1033	0.0555	0.5376	0.41	0.3860	0.3525	0.9132	0.66	0.7002	0.7729	1.1039	0.91	0.9554	1.0701	1.1200
0.17	0.1127	0.0629	0.5578	0.42	0.3986	0.3682	0.9239	0.67	0.7122	0.7893	1.1083	0.92	0.9625	1.0733	1.1151
0.18	0.1224	0.0707	0.5775	0.43	0.4112	0.3842	0.9343	0.68	0.7241	0.8055	1.1124	0.93	0.9692	1.0752	1.1093
0.19	0.1323	0.0789	0.5965	0.44	0.4238	0.4003	0.9445	0.69	0.7360	0.8215	1.1162	0.94	0.9755	1.0757	1.1027
0.20	0.1424	0.0876	0.6151	0.45	0.4364	0.4165	0.9544	0.70	0.7477	0.8372	1.1198	0.95	0.9813	1.0745	1.0950
0.21	0.1527	0.0966	0.6331	0.46	0.4491	0.4330	0.9640	0.71	0.7593	0.8527	1.1231	0.96	0.9866	1.0714	1.0859
0.22	0.1631	0.1061	0.6507	0.47	0.4618	0.4495	0.9734	0.72	0.7708	0.8680	1.1261	0.97	0.9913	1.0657	1.0751
0.23	0.1738	0.1160	0.6678	0.48	0.4745	0.4662	0.9825	0.73	0.7822	0.8829	1.1288	0.98	0.9952	1.0567	1.0618
0.24	0.1845	0.1263	0.6844	0.49	0.4873	0.4831	0.9914	0.74	0.7934	0.8976	1.1313	0.99	0.9983	1.0420	1.0437
0.25	0.1955	0.1370	0.7007	0.50	0.5000	0.5000	1.0000	0.75	0.8045	0.9119	1.1335	1.00	1.0000	1.0000	1.0000

注：h/D——充满度；K_a——水流断面面积修正值；K_q——流量修正值；K_v——流速修正值。

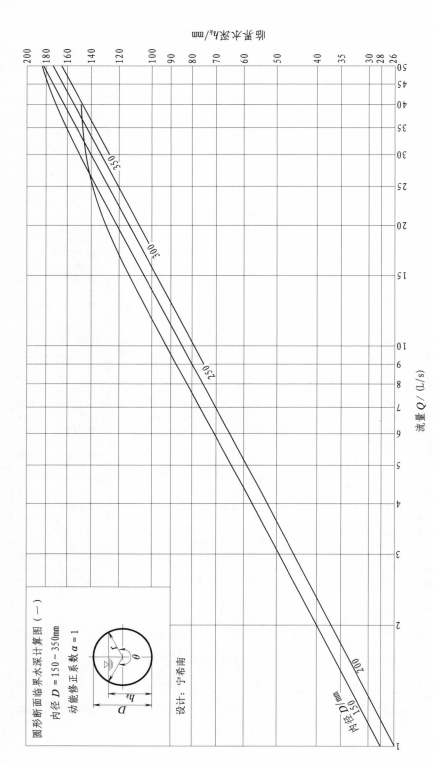

图14-3 圆形断面临界水深计算图（一）

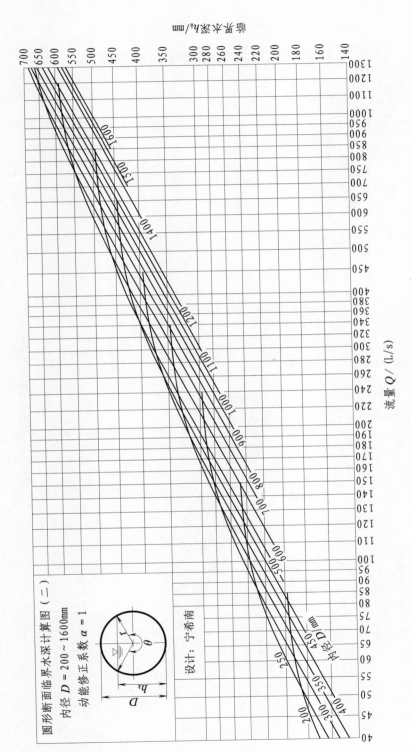

图14－4　圆形断面临界水深计算图（二）

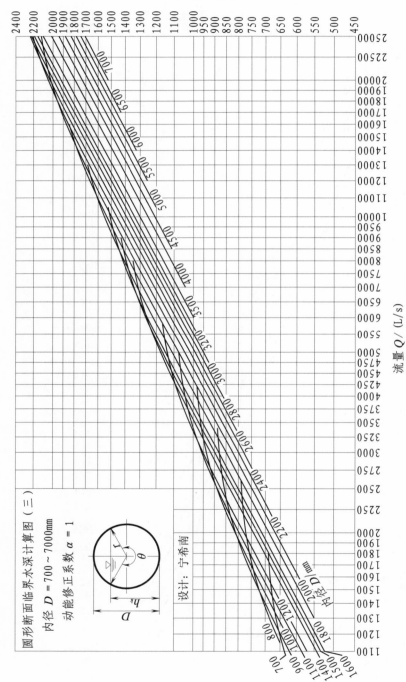

图14-5 圆形断面临界水深计算图（三）

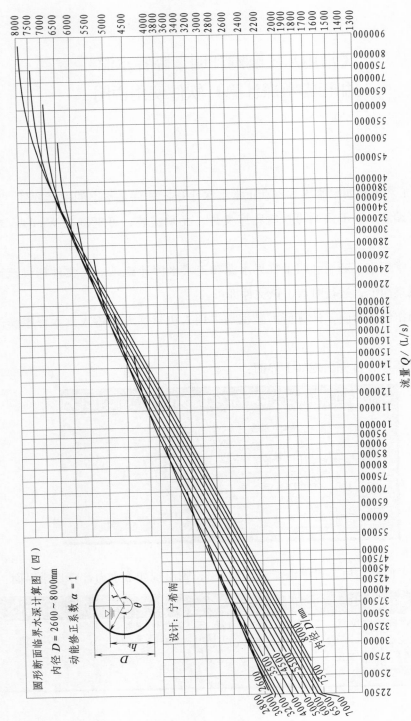

图14－6　圆形断面临界水深计算图（四）

《常用水工隧洞和明渠临界水深和正常水深计算》软件使用说明

《常用水工隧洞和明渠临界水深和正常水深计算》软件是本书的配套软件，用 Visual Basic 语言编制，并编译为可执行程序文件，无须安装，可直接在 Windows 环境下运行。

将 "V01 常用水工隧洞和明渠临界水深和正常水深计算.exe" 文件拷贝至计算机的某目录下或桌面上，运行时双击该文件即可。

本程序操作使用简便，计算所需数据均采用人机对话方式输入。本程序操作过程简介如下。

（1）启动程序，首先出现如下界面：

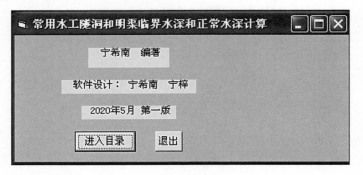

（2）出现上面界面后，再单击"进入目录"，则出现如下水力计算目录界面：

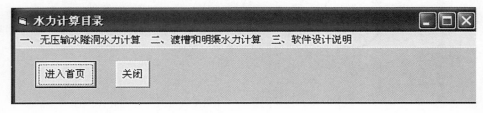

（3）如要计算标准门洞形断面临界水深和正常水深的水力计算，再单击"一、无压输水隧洞水力计算"，选其中的子目录"1. 标准门洞形断面临界水深和正常水深计算"，将出现如下界面：

（4）该界面中有4种计算模式，其中第一种计算模式是已知Q、B，求临界水深和临界坡度等水力数据，只要在其数据输入框输入已知Q、B等水力数据，再单击"计算1"按钮，即可在数据输出框得出临界水深和临界坡度等水力数据。

第二种计算模式和第三种计算模式也只要在其数据输入框输入已知水力数据，再单击"计算2"按钮和"计算3"按钮，即可在数据输出框得出相应水力数据。

第一种计算模式和第二种计算模式有流量单位转换按钮，输入流量Q的默认单位为 L/s，单击"流量单位转换"按钮后，流量Q的单位就改为了 m³/h，再单击"流量单位转换"按钮后，流量Q的单位又可改回为 L/s。

第四种计算模式应单击"下页：已知Q、i求B、h/H 和V"按钮，当单击"下页：已知Q、i求B、h/H 和V"按钮后，将出现如下界面：

在该界面的数据输入框输入已知水力数据，再单击"计算"按钮，即可在数据输出框得出相应水力数据（共15组数据），可选择其中计算流量和输入流量最接近的该组数据，也可根据相应规范和实际情况选用其中的一组数据。

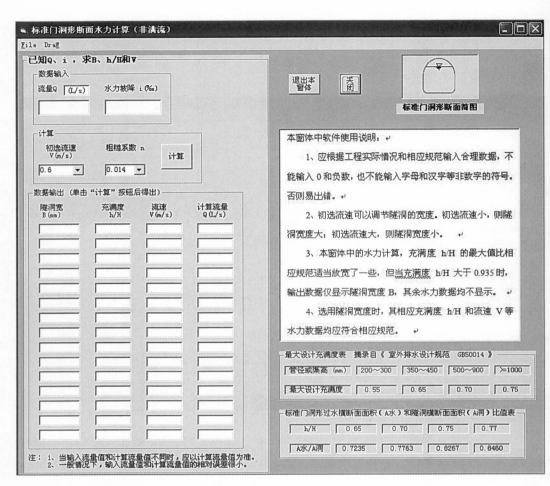

（5）其余断面临界水深和正常水深的水力计算操作步骤，可依此类推。

（6）《常用水工隧洞和明渠临界水深和正常水深计算》软件的英文版的软件名称为"Software for calculating critical and normal water depth of hydraulic tunnels and open channels. exe"，英文较好的读者（包括外国读者）可使用该软件的英文版，其临界水深和正常水深的水力计算操作步骤和上述的操作步骤相同。

《常用消防给水管道、压缩空气管道及通风管道水力计算》软件使用说明

《常用消防给水管道、压缩空气管道和通风管道水力计算》软件是本书的配套软件，用 Visual Basic 语言编制，并编译为可执行程序文件，无须安装，可直接在 Windows 环境下运行。

将"V01 常用消防给水管道、压缩空气管道及通风管道水力计算（2020 年 10 月第 1 版）.exe"文件拷贝至计算机的某目录下或桌面上，运行时双击该文件即可。

本程序操作使用简便，计算所需数据均采用人机对话方式输入。本程序操作过程简介如下。

（1）启动程序，首先出现如下界面：

（2）出现上面界面后，再单击"进入目录"，则出现如下水力计算目录界面：

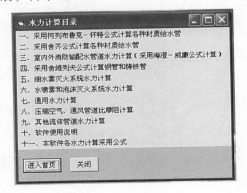

（3）如要按柯列布鲁克－怀特公式对 PN1.6MPa 钢丝网骨架塑料（聚乙烯）复合管进行水力计算，再单击"一、采用柯列布鲁克－怀特公式计算各种材质给水管"，选其中的子目录"3. PN1.6MPa 钢丝网骨架塑料（聚乙烯）复合管水力计算（采用柯列布鲁克－怀特公式计算）"，将出现如下界面：

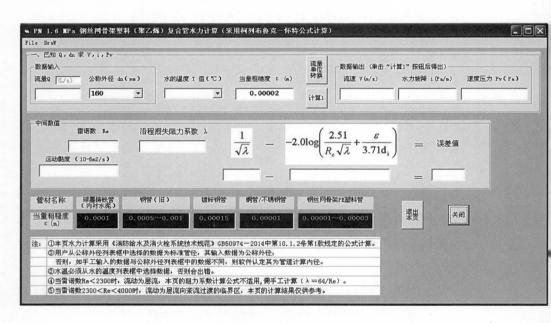

（4）在"数据输入"界面中输入 Q、dn、当量粗糙度 ε 和水的温度（一般取10℃）后，再单击"计算 1"，即可得到所需流速和水力坡降以及速度压力的值。

（5）标准管径和计算内径。

①使用软件时，用户从公称直径（或公称外径）列表框中选择的数据为标准管径，其输入数据为公称直径（或公称外径）；

②如手工输入的数据与公称直径（或公称外径）列表框中的数据相同，则软件也认定其为公称直径（或公称外径）；

③如手工输入的数据与公称直径（或公称外径）列表框中的数据不同，则软件认定其为非标管计算内径；

④如果计算内径 $d = 200$mm，则手工应输入 200.0001（内径增加 0.0001mm 对计算精度影响很微小），以避免和公称直径（或公称外径）列表框中的数据 200 相同（否则，软件会认定其为公称外径或公称直径 DN200 mm，而不是计算内径 d200mm）。

（6）流量单位转换。

① 在细水雾灭火系统常用不锈钢管水力计算页面和泡沫液管道水力计算页面中，输入流量 Q 的默认单位为 L/min，单击"流量单位转换"按钮后，流量 Q 的单位就改为了 L/s，再单击"流量单位转换"按钮后，流量 Q 的单位又可改回为 L/min。

② 在其他水力计算页面中，输入流量 Q 的默认单位为 L/s，单击"流量单位转换"按钮后，流量 Q 的单位就改为了 m^3/h，再单击"流量单位转换"按钮后，流量 Q 的单位又可改回为 L/s。

（7）其余管材消防给水管道、压缩空气管道和通风管道的水力计算操作步骤，可依此类推。

主要参考文献

［1］中华人民共和国住房和城乡建设部．消防给水及消火栓系统技术规范：GB 50974—2014［S］．北京：中国计划出版社，2014.

［2］中华人民共和国住房和城乡建设部．细水雾灭火系统技术规范：GB 50898—2013［S］．北京：中国计划出版社，2013.

［3］中华人民共和国住房和城乡建设部．泡沫灭火系统设计规范：GB 50151—2010［S］．北京：中国计划出版社，2011.

［4］中国核电工程有限公司．给水排水设计手册（第三版）第2册：建筑给水排水［M］．北京：中国建筑工业出版社，2012.

［5］王迎慧，李小川．流体力学与流体机械［M］．北京：中国石化出版社，2015.

［6］宁希南．新编给水排水工程常用管渠水力计算图表［M］．北京：中国建筑工业出版社，2016.

［7］宁希南．水利水电常用隧洞和明渠水力计算图表［M］．昆明：云南科技出版社，2013.

［8］武汉大学水利水电学院，水力学流体力学教研室，李炜．水力计算手册［M］．2版．北京：中国水利水电出版社，2006.

［9］熊启钧．隧洞［M］．北京：中国水利水电出版社，2002.

［10］竺慧珠，陈德亮，管枫年，等．渡槽［M］．北京：中国水利水电出版社，2005.